農ある世界と地方の眼力3

令和漫筆集

小松泰信　著

大学教育出版

はじめに

農業・農家・農村・農協という、いわゆる「農ある世界」を取り巻く危機的情況の打開策を求めて、２０１６年10月5日から毎週水曜日、一般社団法人農協協会がインターネットで配信しているＪＡｃｏｍ＆農業協同組合新聞に、「地方の眼力」というタイトルのコラムを執筆しています。

２０１９年３月27日までのものは、『農ある世界と地方の眼力』（２０１８年11月）、『農ある世界と地方の眼力２』（２０１９年12月）として、本書同様、大学教育出版より上梓しました。

本書は、それらに続く第３弾で、２０１９年４月３日から２０２０年３月25日までの49編からなっています。編集に当たっては、類型別ではなく掲載順、つまり時系列に並べるスタイルをとりました。

２０２０年９月16日に幕を下ろした第２次安倍政権のもとでは、公文書などの改ざん、隠蔽、廃棄等々の信じられないことが常態化しました。由々しきことです。少なくとも「農」を巡る出来事については、「あったことを、なかったことにしてはならない」という思いを強く持って執筆しました。その結果、このシリーズの性格は、「農ある世界」を巡る情況についてのウィークリー・クロニクル（週間漫筆集）となりました。当コラムが、あったことを闇に葬らせることなく、後世に残しつづけるという重要な役割を担っていることを、秘かに自負しています。

取り上げた事柄は事実であっても、あくまでも筆者の視角に基づいていますから、「偏り」のあることは否定しません。しかしそれは、「農ある世界」だけではなく、国を巡るあり方が、あまりにも偏って運営されていることを反映したものです。あえて、「堂々と偏っています」と、宣言しておきます。

また、ＪＡグループにおける政権への追従姿勢についても、厳しい言葉でその是正を迫っています。

「ＪＡグループは仲間です。敵対関係にはありません。もう少し言葉を選んでいただきたい」との声も聞こえてきます。しかし、言うべきことは、すぐに、そしてはっきりと言わなければ、消極的加担者となります。そもそも言うべき相手は、自分らに都合の悪いことは「聞か猿」を決込むはずですから。

「おぼしきこと言はぬは腹ふくるるわざなれば、筆にまかせつつ」執筆してきたわけですが、執筆に際しては、業界紙はもとより地方紙の社説や記事を参考にしています。多くの地方紙では、農業をはじめとする第1次産業が、極めて多様かつ重要な役割を果たしていることを正当に評価した紙面づくりがなされています。これからもそのような姿勢を堅持し、地域に根差した情報発信に務めていただきたい。

菅政権は、安倍政権の継承を自認しており、すべてにおいて悲観的予想をせざるを得ません。コロナ禍と相まって、明るい展望の見いだせない情況がしばらく続くでしょうが、その情況を少しでも好転させるためのひとつの希望として、本書が多くの人に受け入れられることを願っています。

内容に関しては原文を尊重し、必要最小限の修正・調整にとどめました。また、個人の所属や肩書き、組織名なども初出時点のままとしています。ご了解ください。

自由に、のびのびと執筆できるコラム「地方の眼力」は私のライフワークです。恐らく他にはないであろう、すばらしい「場」を提供していただいている、一般社団法人農協協会には、この場をお借りして厚く御礼を申し上げます。また、本当に厳しい出版事情の中、快く出版の機会をご提供いただいた株式会社大学教育出版の佐藤守社長にも御礼申し上げます。

最後になりましたが、今年4月30日に亡くなった実母山下フサ子（享年92）の墓前に本書を捧げます。

２０２０年9月

小松泰信

農ある世界と地方の眼力3

――令和漫筆集――

目次

農ある世界と地方の眼力3

――令和漫筆集――

令和とオスプレイ

（2019・04・03）

新元号をうれし気に掲げる、菅義偉ヒトの話は聞かん坊長官の顔と、付け焼刃談話で政治利用を目論む安倍晋三首相の顔。小面憎いふたつの顔につきまとわれる令和の未来は推して知るべし。当コラム、発表の瞬間からテレビを通じた関連報道に目を背けている。

正面から切り込み、乱痴気騒ぎに警鐘

「国民の存在はどこにある」と題して鋭く、深く切り込むのは信濃毎日新聞（4月2日付）の社説。

まずは元号を「独自の文化」と位置付け、「天皇制と不可分の存在」とし、「現在は日本国憲法による象徴天皇制の時代だ。天皇は日本国民の総意に基づく存在である。それなのに今回の改元手続きは国民主権とは懸け離れている」と、問題提起。具体例として、新元号の候補名が政府首脳以外に初めて公開されたのが発表当日の有識者の懇談会で、かつ30分程度であったことを紹介し、「国民の声を聴いたという形を残したにすぎない」とする。

つぎに、前例踏襲といいながら前例なき記者会見で「一人一人の日本人が、明日への希望とともに、それぞれの花を大きく咲かせることができる。そうした日本でありたい、との願いを込めた」と安倍氏が述べたことに対して、「だれの思いなのか。元号は首相の私物ではあるまい。『令和』を自らの国民へのメッセージとするのなら筋違いではないか」と指弾し、会見自体が「政治利用」であることをも示唆している。

さらに、一連の手法に固執する背景に、「日本会議」や連携する自民党保守派の存在を指摘し、「保守派に配慮して秘密主義で進めた元号選考には、政府への求心力を高める思惑もうかがえる」とは、お見通し。

最後に、「人口の減少や年金問題、経済政策の行き詰まりなど、日本が直面する課題は山積したままだ。新元号ブームにあおられて、目を曇らせてはなるまい」と、乱痴気騒ぎに警鐘を鳴らす。

国民主権にそぐわぬ元号の在り方

神戸新聞（4月2日付）の社説も、国民主権の下で「元号はどれほど国民のものとなったのか」と、疑問を呈する。「国民は何も知らされず、待たされ続けた。私たちもつい『元号は上が決めるもの』と思いがちだ。それでは政府の決定を国民は押し頂くだけになる。もともとは元号は天皇の「御代《みよ》（治世）」を表す。だがその考え方は憲法の理念である国民主権にそぐわない。国民が自分たちのものと思えるような元号の決め方、在り方を模索する必要があるだろう」とする。

「上から押し付けるのは健全ではない」、前回の改元時も「新元号が空から降ってきたような違和感があった」とは、天皇制の歴史に詳しい本郷和人東大教授のコメント。「秘密主義は元号と国民との距離を遠くするだけである」と締める。

岩手日報（4月2日付）の論説も、「元号に関しては、国民主権の観点からさまざま意見があるのも事実。……国民生活に深く関わる元号の選定過程を当の国民につまびらかにするのも『時代』の要請」とする。

政府が時をも支配するのか

福井新聞（4月2日付）の論説は、首相が「人々が美しく心を寄せ合う中で文化が生まれ育つという意味が込められている」と述べたことに対して、「出典を精査しない限り、そう読み解くのは難しい。政府はそのためにも選考過程を分かりやすく説明する必要がある。世界で唯一、元号制度が残る国だからこそ、意義を捉え直すきっかけにもしなければならない」とする。さらに、「元号は『皇帝が時をも支配する』との考えに基づく。日本でも長年、天皇が定め、その権威を高めてきた歴史がある。政府がそうした視点をいまだに持ち続けているとしたら問題だろう」と、急所を突く。

「国書」強調への違和感

「首相は、日本礼賛的アピールに力が入っていないか」とは新潟日報（4月2日付）の社説。「日本のリーダーとして自国の文化や伝統への誇りを訴えたのだろうが、違和感も禁じ得ない」とする。歴史的に見れば、日本は他国の文化や文物を積極的に吸収することで、自国の文化的な幅を広げてきた。漢字など中国文化の影響も強く受けている。国境を越えた人々の交流が、万葉集など日本文化のベースとなったことは間違いあるまい。国際交流や友好親善は、平和の基礎ともなるものだ。平和な日々への感謝や新たな時代について語るなら、それらの事柄への言及があってもよかったのではないか」と、たしなめる。

象徴天皇制そのものの将来を考えよ

「大きな世替わりを経験するたびに、中国の年号を使用したり、明治の元号を使ったり、西暦を採用したり、目まぐるしく変わった」経験から、沖縄タイムス（4月2日付）の社説は、「歴史の流れをつかむことが難しく、同時代の世界史の動きと比較する視点を持ちにくいなど、マイナス面も多い。元号を強制することがないよう求めたい」とする。

そして、「『天皇退位による改元』は、憲法と元号の関係、象徴天皇制と民主主義の関係、象徴天皇制そのものの将来を考える機会でもある」と、本質的な問題を提起する。

オスプレイ緊急着陸は令和の未来を暗示する

2日の朝、我が家に届けられた毎日新聞（大阪版）の一面。新元号を伝える記事の横に、「オスプレイ伊丹緊急着陸」の記事が載っている。1日午後1時55分ごろ、米軍普天間飛行場所属のオスプレイが大阪（伊丹）空港に緊急着陸。同機は直前に緊急事態を宣言していたそうだ。米軍は「パイロットがコックピット内の警告灯の点灯を確認したため」と説明している。

乱痴気騒ぎに多くの紙面を割く社会面には、「速やかな情報提供がなされなかったことは非常に遺憾」（伊丹市長）、「伊丹空港にオスプレイがあることに驚いた。気付いた時には、まだプロペラが回っていたが、うるさかった」（展望台から見ていた人）、「近くに自衛隊の駐屯地があるのに、なぜ伊丹空港に降りなければならなかったのか。オスプレイの事故の報道を耳にするので怖い」（緊急着陸を知り、空港に駆け付けた人）、といったコメントが紹介されている。

岩屋毅防衛大臣はアメリカ側に対し、安全管理の徹底を申し入れたそうだが、北朝鮮のミサイル問題で国難解散まで行ったバカ殿は慶祝ムードに酔いしれていたいようだ。しかしこのオスプレイ、御代変わりだ、新元号だ、国民主権な

ど と、 属国の分際で騒いでいる者どもへの、令和の未来を暗示する宗主国からのギフトとして見ると、暗澹《あんたん》たる気持ちを禁じえない。

「地方の眼力」なめんなよ

（2019・04・10）

紙幣刷新より疲弊刷新

「国政選挙も近づく。安倍政権は『1強』をかさに農協改革やTPPを押し通してきた。荒れ放題になっている田畑の草取りを本気で考えた方がいいかもしれない」とは、日本農業新聞（4月9日付）のコラム「四季」。

「総保守」堅調

統一地方選挙前半戦が終わった。自民党の堅調な戦いぶりを評価する読売新聞（4月8日付）の社説は、唯一与野党対決となった北海道知事選において、自公推薦の新人が野党統一候補を大差で破ったことを、「自民党が農業団体や経済界の支援を得て、組織力を生かした選挙を展開したことが奏功した」と分析する。さらに、「労働組合など野党の支持層が比較的厚い北海道で敗北」したことから、野党共闘体制の立て直しの必要性を示唆する。農業団体とは、JAグループのはず。これじゃ荒れ放題に拍車がかかる。

毎日新聞（4月9日付）の社説も、「自民は堅調」とする。そして、大阪維新の会も、「憲法改正など政策全般をみれば安倍政権に近い」とし、「大阪も含め『総保守』の堅調ぶりが目立ったのが統一選前半戦の結果だ」と総括する。ただし、「自民党が堅調なのは野党の弱さに支えられているからだろう」として、「『反安倍』の旗を掲げるだけで地方選は戦えないことははっきりしている」「自民党のスキャンダルを追及する空中戦に頼るばかりではなく、総保守に対抗する政策と人材の蓄積に地道に取り組む必要がある」とは、頂門の一針。

赤の他人のアドバイス

産経新聞（4月9日付）の主張も、「夏の参院選で実動部隊となる地方議会に限ってみれば、自民党はひとまず、基盤強化に成功したといえよう」と評価しつつ、「安倍1強」にあぐらをかく自民党の慢心を戒める。その一例が、大阪府知事・大阪市長選で自民推薦候補が大阪維新の会に敗れたこと。

「『大阪都構想』への支持以上に、しらけた有権者が自民党の体たらくにノーを突き付けたのではないか。理念も政策も違う与野党がなりふり構わず共闘する姿は、滑稽を通り越し醜悪だ。有権者を愚弄しているとみられても仕方あるまい」との見立ては、愛するが故の厳しさか。共産党との共闘が特に気に障ったようで、共産党に対しても、「無党派や保守層への浸透を図る戦術に傾くあまり、『唯一の野党』を掲げていた、かつての面影が失せつつあるのが退潮の一因だろう」とのこと。赤の他人の鋭きアドバイス。

選挙結果以前の深刻な問題

朝日新聞（4月9日付）の社説は、道府県議選の平均投票率が44・08％と戦後最低、かつ41道府県のうち33道府県が最低を更新したことから、「国でも地方でも、有権者が関心を寄せなければ、政治や行政の規律はゆるむ」として、「政治に緊張をもたらすのは、厳しく監視する有権者の一票の積み重ねにほかならない」ことを強調する。

地方紙の多くが同紙以上に、低投票率や無投票選挙区の増加という、選挙結果以前の問題を深刻に受け止めている。

デーリー東北（4月8日付）の社説は、県政与党の肥大化による監視機能の低下を危惧する。議員に対して、「是々非々で判断しているか、立ち止まって考えてほしい。問題の本質がどこにあるか、〝思考停止〟に陥ってはいないだろうか。議員は党人や会派の一員である前に、まず一人の議員であるべきだ」と、訴える。さらに、「住民と十分に対話もできているか」と問いかける。なぜなら、「早大マニフェスト研究所の2018年度議会改革度ランキングでは、青森県議会が全国の都道府県でワースト3。特に住民参加の分野では最下位だった」からである。

翌9日付の同紙社説は、無投票選挙区解消策として、議員報酬の引き上げや定数削減の前に「魅力ある議会づくり」が先決とする。また大きな進展が見られない「地方創生」と、地方に波及しない「アベノミクス効果」が作り出す「あきらめムード」を低投票率の主因とし、「議会の活性化を図り、有権者に興味を持ってもらう方策について知恵を絞らなければならない」と、説く。

南日本新聞（4月9日付）の社説は、「拍車がかかる過疎・高齢化の問題など、地方が直面する課題は山積している。にもかかわらず、有権者の6割近くが棄権した現実は極めて重い。住民との距離が広がったままでは、地方自治は成り立たない。自治の根幹を揺るがす重要なテーマとして受け止めるべきだ」と危機感を募らせ、「若い世代に選挙の重要性を伝える啓発活動」を提起する。

秋田魁新報（4月9日付）の社説も、「急速に進む人口減と少子高齢化にいかに臨むかは、喫緊の課題である。さらに今回は、政府が秋田市の陸上自衛隊新屋演習場に配備を計画している迎撃ミサイルシステム『イージス・アショア』（地上イージス）にどう対応するのかが問われた。これほど重要な問題が山積しているにもかかわらず、盛り上がりを欠いたのは深刻」とする。事態克服のため、県議会には、「いかに県民との『距離』を縮め、本県に必要な政策を実現できるかが問われている」と発破をかけ、有権者には、「県議一人一人の活動を注視」せよと、力説する。

さらに高知新聞（4月8日付）の社説も、「選挙権年齢が『18歳以上』となってから初の県議選。にもかかわらず有権者の5割余りがそっぽを向く、というのは危機的な状況だ。代議制民主主義の存立基盤が揺らいでいることを改めて示している」と、切実な状況を示す。無投票選挙区が過去最多タイの5区に及んだことについても、「まともな選挙ができにくいほど、地方の疲弊がまた一段と進んだということではないか」と分析する。

女性の政治参画の道を拓け

山陽新聞（4月9日付）の社説は、女性の政治参画に向けた政党の努力を求めている。岡山県議選では、女性の立候補者8人全員が当選し女性議員の数は過去最多、女性の割合も14・5％と過去最高を更新した。しかし、道府県議選での当選者のうち女性は全体の10・4％であることから、２０１８年5月施行の「政治分野の男女共同参画推進法」がめざす「均等」への道のりは遠いとする。候補者や議席に占める女性割合を定めるクオータ制の導入の必要性を説くとともに、地方議員らでつくる「出産議員ネットワーク」が２０１８年10月に「育児関連の休暇規定の整備を各地方議会団体に要請した」ことを紹介している。

紙幣刷新がそれほど慶事か

元号で空騒ぎを演出したかと思えば今度は紙幣刷新とのこと。狙いは、統一地方選挙後半戦の勝利か、支持率向上か、はたまた参院選か。ブラック広告代理店のシナリオ通りに、メディアも上機嫌の国民だけを映し出し、「浮かれにゃソンソン」のムードづくりに精を出す。刷新理由の一つが偽造防止とのことだが、偽造捏造政権の一翼を担う、頭カルロス・ゴーマン・麻生氏による発表とくれば新紙幣を飾るお三方も迷惑千万のハズ。刷新すべきは、現政権と地方の疲弊。

「地方の眼力」なめんなよ

（2019・04・17）

水産物禁輸敗訴と風評被害

桜田義孝前五輪担当相が復興を巡る失言で更迭された直後の4月14日、安倍晋三首相は、東日本大震災からの復興状況を確認するため福島県を訪問した。東京電力福島第1原発を視察し、「閣僚全員が復興相との基本方針をもう一度胸に刻み、政府一丸で復興に全力を尽くす」と記者団に強調したようだ。2013年9月以来、5年7カ月ぶりの訪問と聞けば、間違いなく「口だけ殊勝」。

水産物禁輸敗訴が突き付けたもの

「東日本大震災から8年を経た今も、韓国など23の国と地域が輸入規制を続けている。安全性への不安が、国際社会に根強く横たわっていることを示す」（神戸新聞・社説、4月13日）のは、世界貿易機関（WTO）の紛争を処理する上級委員会が4月11日（日本時間12日未明）に下した結論である。すなわち、韓国が東京電力福島第1原発事故後に福島など8県産の水産物の輸入を全面禁止しているのは、WTO協定のルールに違反する、とした1審の判断を破棄し、日本が逆転敗訴したことである

毎日新聞（4月13日付）は、「韓国は禁輸を継続する方針。日本は、WTOの判断をテコに輸入制限を続ける国々に解除を働き掛け農水産物の輸出拡大を目指す戦略を描いてきたが、大きな逆風となりそうだ」と、伝えている。

さらに関係者が発した、つぎのようなコメントを紹介している。

河野太郎外相は「主張が認められなかったことは誠に遺憾だ」「韓国に対して規制全廃を求める立場に変わりはない」と、2国間協議を呼び掛ける考えを示した。菅義偉官房長官は「日本産食品は科学的に安全との1審の事実認定が維持されている」「敗訴したとの指摘は当たらない」と、記者会見で語った。吉川貴盛農相も「日本の食品の安全性を否定したものではない」と強調した。

もちろん韓国外務省は「現行輸入規制措置は維持され、日本の8県全ての水産物に対する輸入禁止措置は継続される」との政府見解を発表した。

現場でできるのは安全安心の地道な積み重ね

福島民報（4月13日付）の論説は、「原発事故の負のイメージが残る本県にとって大変残念だ」としたうえで、「今回の判断が規制緩和に傾きつつあった他国の方針に影響を与えることも心配だ。それでも県産品の輸出は増加傾向にある。国によって受け入れが拡大しているのは確かだ。産品の安心の質を高め、着実に実績を積み重ねる必要がある」と気丈に語りつつも、「国際貿易の紛争処理での今回のような判断は、被災地にとって原発事故という負の遺産の大きさを改めて突き付けられたように感じる」と、落胆の色は隠せない。さらに、「最近では県が風評払拭のために作成し、インターネットで公開した県産日本酒のＰＲ動画に、誤解や偏見に基づいて中傷する文章が英語で書き込まれ、県が書き込み機能を停止する出来事もあった」ことを伝える。

「どれほど努力を重ねても、一度付いてしまったイメージは簡単に拭えるものではない。東京電力も国も賠償に値する被害が継続していることを強く認識するべきだ」としたうえで、「安全と安心の地道な積み重ねが規制解除を早めてくれるはず」とする。

原発が置かれた現実を直視せよ

その地道な積み重ねを、水泡に帰させるような動きに警告を発する社説も少なくない。

信濃毎日新聞（4月13日付）は、「福島第1原発には、今も汚染水がたまり続けている。放射性物質の影響への懸念は、国内においても完全に解消されたわけではない。情報公開を徹底し、処分方法の検討を十分な納得を得ながら進めることは、国内外を問わず世論の理解を得る大前提である」とする。

さらに同紙は16日付の社説においても、「東京電力が、廃炉作業中の福島第1原発3号機の使用済み核燃料プールから、燃料の搬出を始めた」ことを取り上げ、「原発という施設が、原子炉に限らず使用済み核燃料という大きなリスクを抱えている事実を、この機会に再認識しておきたい」とし、「政策を転換し、核燃料の安全管理と廃棄物としての処分に道筋を付ける必要がある」とする。そして、「安倍晋三首相は第1原発と周辺を視察し、『復興が進む福島の姿を世界に発信したい』と述べている。『復興五輪』のPRに前のめりになるより、原発が置かれた現実を直視すべき」と、直言する。

愛媛新聞（4月16日付）の社説は、「福島の原発では今も人体に有害な汚染水がたまり続け、その処理方法が課題となっている。増え続けるタンクの置き場所がなくなるとして、国は汚染水を水で薄めて海に流す方法を議論しているが、新たな風評被害を招く懸念が拭えない。海への放流が国民や輸入規制している海外の理解が得られるのか、あらゆる角度から議論を重ね、処理方法の合意形成を慎重に図らなければならない」とする。

京都新聞（4月13日付）の社説も、「各国の輸入規制が長引けば、それが風評となって日本国内での流通にも影響が出かねない。このことも十分考慮しておくべきだ。禁輪の起因になった福島第1原発では、タンクで保管を続けている汚染水を浄化処理して海洋放出する案が取りざたされている。新たな風評を招く恐れがある」として、「処理方法の妥当性を見極めると同時に、徹底した対策が必要」とする。

密閉度高き段ボール群が教える根絶されない風評

中国新聞（4月14日付）の社説は、「東電も政府も、深刻な被害が8年たった今も続いていることをしっかりと認識するべきだ。……日本も振り返って反省すべき点はある。福島など被災地の農水産物が敬遠されるケースはまだ多いという。外国に禁輪の解除を求めるなら、まず国内の風評から払拭していくのが筋だ」との正論。

産経新聞（4月13日付）の主張も、「外国に禁輪撤廃を求める以上、国内での風評対策をさらに強化すべき」とする。

この問題、水産業に限った話ではない。2018年11月下旬に訪れた北海道の大規模野菜産地の集出荷施設。積み上げられた段ボール群の中に、他とは異なる仕様の一団が目についた。持ち運びのための指を入れるところが開けられていない、密閉度の高いもの。担当者によれば、その取引先は日本海側の鉄路による輸送を希望。それを断ると、可能な限り外気に触れない仕様をもとめてきたとのこと。その理由はお分かりであろう。放射能から野菜を守るためである。

日本農業新聞（4月14日付）によれば、2018年に開かれた東京都食育フェアで、地産地消運動促進ふくしま協同組合協議会が、会場を訪れた消費者300人を対象に行ったアンケート調査で、福島県産米の全量・全袋検査を「続けるべき」とする回答が、前年の調査から6・4ポイント減の50％であったとのこと。この動きを楽観的にみるべきではないことを、件の段ボールが教えている。

風評被害を根絶するためには、「続けるべき」がゼロになっても全量・全袋検査を止めないこと。原発の、東電の、政府の、犯した大罪を糾弾し、この悲惨な出来事を風化させないためにも。

「地方の眼力」なめんなよ

（2019・04・24）

野党共闘ってマジすか

4月20日、安倍晋三首相は、衆院大阪12区補選の自民党公認候補を応援するために大阪入り。籠池夫妻に睨まれながらの演説。終えて向かった先は、大阪・なんばグランド花月。吉本新喜劇に飛び入り出演。場所が場所だけに、飛んで火に入る笑い者。

近々立ち上がる農福連携を推進するための官邸会議の有識者メンバーに、城島茂氏（TOKIOのリーダー）が選ばれる

ことを　日テレNEWS24（4月23日18時2分）が伝えている。人気テレビ番組での農業への取り組みが選出理由のようである。取り込めるものは何でも取り込んでいく魂胆見え見え。

なりふり構わぬ自民党。大ウソ警報発令！

日本農業新聞（4月20日付）は、自民党が夏の参院選に向け、農業票固めに本格的に動き出したことを伝えている。ひとつは、首相が「前回参院選で負け越した東北など地方区の1人区対策として農家向け政策パンフレット作成を岸田文雄政調会長に指示」したこと。「首相自ら農家向けパンフレット作成を指示するのは異例。関心の高い米政策などを重点的に盛り込み、5月の大型連休明けにも農業地帯に配布してアピールする」そうだ。もうひとつは、18日夜に二階俊博幹事長の仲介で、JA全中の中家徹会長と会談・会食し、選挙での支援を要請したこと。そこには、二階幹事長や森山裕国会対策委員長らも同席したそうだ。

中家会長と太すぎるパイプを持つ二階氏は、JAグループから長澤豊全農会長、金原壽秀全中副会長らを同行させ、24日から29日まで安倍晋三首相の特使として、中国を訪問する。

毎日新聞（4月24日付）は、この訪中を二階氏の「失地回復」と参院選への側面支援の目論みとして伝えている。失地とは、自派の桜田義孝前五輪担当相辞任や衆院補選敗北などによって失われつつある党内での求心力。参院選への側面支援とは、18日に繰り広げられた銀座の夜の物語に加えての、JAグループ幹部の外遊への誘いによる「農業票」の取り込み。県知事が参加する山梨、滋賀、高知の三県も、参院選の勝敗を左右する1人区。「外遊に連れて行くのは二階氏流の人心掌握術だ」（自民党関係者）そうだ。心だけではなく、急所までも握られたかどうか見させていただきましょう。

「国家ビジョン」が求められる野党

「昨今のわが政界は、『緩む』政権と『おごる』野党との、なんとも情けない〝争い〟と堕している。困ったものである」で始まるのは、小林吉弥氏（政治評論家）による日本農業新聞（4月14日付）の「連載永田町ズバリ核心」。「緩む」政権の象徴が、「忖度」発言の塚田一郎前国土交通副大臣と、一議員への応援を「復興」以上に位置付けた桜田義孝前五輪担当相。「おごる」野党を示したのが、統一地方選前半戦において「結局は党利党略、主導権争いが横たわり、参院選へ向けての地ならしとしての野党『共闘』は、片鱗すらうかがえなかった」こと。

政治部野党担当キャップの「参院選の勝敗を左右する32選挙区の1人区の統一候補も、現状では愛媛、熊本、沖縄の3選挙区しか決まっていない。与党候補はすでに全力投球なのに、もはや出遅れ状態になっている。これで『参院選勝利』などと口にするのは、あまりに選挙を知らないか、〝おごり〟以外の何物でもない」という、辛辣な発言を紹介している。

そして小林氏は、「与党の揚げ足取りと狭い自己主張では、永遠に政権交代などは果たせない。……自民党が提示できないでいるこの国の5年先、10年先の具体的『国家ビジョン』を愚直に、真摯に掲げるしかすべはないと——。それがないと、野党の政権交代の野望は永遠に〝塩漬け〟でおわるだろう。万年野党である。芽が出ることはない」と、「むなしい主導権争いに明け暮れる野党」にサジを投げた感あり。

野党に期待を寄せる地方紙

統一地方選と衆院補選を終え、野党にため息混じりのエールを送る地方紙の社説を紹介する。

「大阪では野党共闘にも課題を残した。共産党は先月末に比例選出の現職議員を無所属で擁立し、野党統一候補としての支援を求めたが、支援態勢は広がらなかった。首をかしげたのは立憲民主党の対応だ。衆参で野党第1会派を握っていながら、共闘のまとめ役としての姿勢が見られなかった。沖縄の結果は政権との対立軸を明確にし、早くから候補を一本化して準備すれば、巨大与党にも太刀打ちできることを示した。参院選に向けた態勢構築が急がれる」（北海道新聞、4月22日付）。

「立憲民主党や国民民主党などの野党は沖縄では勝利したが、大阪では共闘を築けなかった。全国の統一地方選の結果を含めて総括すれば、野党が大きな存在感を示したとは言い難い。今回の2補選は夏の参院選の前哨戦と位置づけられた。野党の支持率が伸びない現実を踏まえれば、新潟選挙区などの1人区でどれだけ共闘できるかどうかが、参院選の結果を左右する可能性は高い。統一選と同時に行われた2補選は、与野党双方に課題を突き付けたといえる」（新潟日報、4月23日付）。

「立憲民主党など野党の存在感は希薄だった。大阪12区では共産現職が辞任して無所属で挑み与野党対決を演出したが、勝利には届かなかった。立民などの国会議員が応援に入ったが本腰を入れたとはいえない。安倍1強に対し有効な選択肢を示すのは野党の責任だが、共闘の本気度が疑わしい事態だ。参院選に向け調整できるかが問われる」（京都新聞、4月23日付）。

「大阪12区は、日本維新の新人がダブル選からの勢いそのままに自民から議席を奪った。自民は、安倍首相が最終日に公認候補の応援に入るなどの総力戦で敗れた。有権者の強い不信があったことは否定できない。長期政権のほころびが目立ち始めたものの、それに代わる選択肢が見当たらない。野党共闘は沖縄では奏功したが、大阪では存在感を示せなかった。野党各党は参院選での共闘のあり方を真剣に協議するべきだ」（神戸新聞、4月23日付）。

野党共闘の難しさと覚悟

日本海新聞（4月12日付）は、参院選鳥取・島根選挙区で、鳥取、島根両県の立憲民主党と国民民主党の4県連の幹事長が11日、3回目の会合を開いたことを伝えている。「具体的な候補の決定には至らず、無所属の統一候補を必ず擁立することと、共産党とは共闘しないことを確認するにとどまった」との記事を読んで、言葉を失った。共産党は元衆院議員の中林佳子氏の擁立を決定しているが、「共闘はない。中林さんに乗ることはない」とのことである。

3回集まっても候補者を決定できない組織がよく言うよ。島根県は先の知事選において、国会議員に自民党県議が反旗を翻し、保守分裂選挙となった。その後遺症は簡単に癒えていないはず。にもかかわらず共闘しないとすれば、千載一遇のチャンスを逃すこと必至。ここまで来れば、共産党はこの地での共闘について、こだわるべきではない。自らの信念を、有権者に徹底的に訴えていくしかない。名ばかり共闘は野合ゆえに、苦楽をともにしてきた支持者への裏切りとなることを覚悟すべし。

「地方の眼力」なめんなよ

どうする道厚生連個人情報漏えい事件

（2019・05・08）

4月27日から2泊3日の北海道。札幌市で行われた義理の甥の結婚披露パーティーに出席し、函館市に足を伸ばした。改元令下にもかかわらず、すべてがすがすがしい旅だった。

暗雲垂れ込めるＪＡグループ北海道

だからといって、北海道のＪＡグループがすがすがしいわけではないようだ。

理由は、ＪＡ北海道厚生連西一司会長による個人情報漏えい事件。

毎日新聞（4月24日付、25日付）の記事によれば、事件の概要はつぎの通りである。

今年2月中旬、西会長は旧知の仲である現職道議ＫＵから「パンフレットを配布するので、札幌市西区の職員の情報を提供してほしい」と依頼され、「パンフレット配布の政治目的と認識」したうえで、同区在住の医師、看護師を含む全職員72人分の氏名、職種、肩書、住所、電話番号などの個人情報を会長室にてＫＵに提供した。受け取ったＫＵは、道議選告示後、西区選挙区に立候補したＫＡに渡した。情報を受け取ったＫＡは、職員の了解なしに自身の後援会に入会させた。

ＫＡから送られてきたお礼の手紙を受け取った職員の指摘で、厚生連が事態を把握し、事件が発覚した。

厚生連は、「職員や関係者に迷惑をかけ深くおわびする」とのコメントを発するとともに、個人情報保護法に抵触する可能性もあるとして、西氏の処分を検討とのこと。自民党道連は2人に事実確認ののち、厳重注意。

毎日新聞（4月24日付、北海道版）は、「前代未聞の事態」で、「政治家が厚生連に職員の個人情報を要求し、選挙に活用したと見られかねない事案」として、野党からの批判を紹介している。

「道議から道議選候補者に厚生連の個人情報が渡ったのは、結果的に目的を偽って個人情報を入手し、流用した重大問題だ。2人は経緯を道民にきちんと説明すべきだ」（共産党道委員会書記長）

「しっかり個人情報を管理すべき時代に、本人の同意なく、他人に情報を渡したり、後援会入会手続きを進めたりするのは問題だ。厚生連側の対応にも問題がある」（立憲民主などでつくる野党会派「民主・道民連合」幹事長）

個人情報を扱う意識の低さ

北海道新聞（4月25日付）は、西会長が、処分されず、辞任することもなく、役員報酬の自主返納にとどまったこと。関係した道議は釈明と謝罪を繰り返したものの、所属する自民党道連幹事長は「そんな大きなことはない」と問題を軽視したともとれる発言をしたこと。これらから、関係者における「個人情報を扱う意識の低さがあらわになった」とする。

さらに、JAオホーツクはまなすの会長も務める西氏は、KUと20年ほどの親交があり「信用していた。情報がKAに渡ったのは想定外だった」と説明し、「過去にも名簿を渡したのでは」との質問には「一切ない」と否定した。限りなく黒に近いグレー。

また、道厚生連を巡っては、過去に患者情報の外部流出や、職員が患者の病名などが記された書類を持ち出し、私物と誤ってトイレに捨てた、という信じられない不祥事があり、再発防止に取り組んでいたとのこと。厚生連常務は会見で「職員の個人情報は管理不足だった」ことを認めているが、間違いなく管理以前の問題である。

先の幹事長は「訴えられたわけではない」などと述べたようだが、「個人情報保護が叫ばれる時代に信じられない。道議の意識の薄さも甚だしい」と、身内からも発せられる驚きの声を添えている。

同紙（4月26日付）は社説でも取り上げ、「同意なく個人情報を第三者に提供することを原則禁じた個人情報保護法違反の可能性が高い」にもかかわらず、処分がなかったことを「事態の重大さに対し、組織としての危機感がうかがえない」とする。また、幹事長の言動に対しても、「何が悪い、と言わんばかりだ。個人情報を尊重する意識が全く欠如している」と容赦ない。

西氏とKUの関係や、農協組織が自民党の支持基盤であることから、「なれ合いの構図も透けて見える」と、正鵠を射る。

他人事然とした顔と顔にも問題あり

北海道新聞（4月27日付）によれば、JA北海道中央会の飛田稔章会長は26日の定例記者会見でこの問題を、「大変なことが起きてしまった。心からおわび申し上げたい」と謝罪し、道内各地の農協を含むJAグループ北海道全体で再発防止策に取り組む考えを示すとともに、「農協は（組合員や職員などとの）信頼関係があって、はじめてしっかりした運営ができる。こういうことが起きると信頼がなくなる」と強調。すでに取り組んでいるコンプライアンス研修などに加えて「一層、強固な対策を講じる。具体策はこれから検討する」と述べた。

具体策はシンプル。役員と幹部職員への研修、西氏の辞任、そして当該政党との腐れ縁の解消。この3点セットで如何か。

ところで、飛田氏が会長を務めている全国農業者農政運動組織連盟（農政連）には、何の問題もないのだろうか。某県で聞いた話だが、連合会の管理職になると自動的に農政連のメンバーとなり、さらには自民党員にもなるとのこと。それを拒否することは管理職になる機会を放棄することを意味しているそうだ。これで良いのでしょうか。叩けばどんどん出るホコリ。

4月28日の毎日新聞（北海道版）によれば、自民党道連会長であり厚生連を所管する農水省の大臣でもある吉川貴盛氏が26日の記者会見で、「役員が職員の情報を漏えいしたのは誠に遺憾だ」と述べるとともに、一昨年にも道厚生連で個人情報漏えいが起きたことを指摘し、「再発防止の徹底などを求めていた。今回の事実を受け、改めて指導したい」と、指導の強化を示唆した。

この人も、政権与党病にかかり、ご自分のお立場をおわかりになっていないようだ。所管する団体で起こった事件。その事件に自分が長を務める政党の構成員が片方の張本人として積極的に関わっている。二重の意味で責任は免れない。どうされますか？

日本農業新聞はなぜ沈黙するのか

どうされましたか？　と問いかけたいのは日本農業新聞。この間の同紙を念入りに読んだが、当該事件の記事が見当たらない。

「貿易では世界に『自由』を説き回るこの国が、この程度の自由度では説得力に欠くのではないかと、心もとなくなる」で始まるのは、世界報道自由デーに寄せた同紙（5月3日付）のコラム「四季」。「平和と『報道の自由』を守る重みをかみしめる」と結ぶ言葉に嘘偽りがないならば、遅くはない。道厚生連会長による個人情報漏えい事件がなぜ起こったのか。道厚生連に限らずＪＡグループがこのような事件を今後起こさないためにすべきことは何か。参議院選挙を控えているこの時期だからこそ、膿をえぐり出す報道に取り組むべきだ。

新たな罪を作らせないために、そして農業協同組合とその構成員の尊厳をこれ以上傷つけぬために。

「地方の眼力」なめんなよ

（2019・05・15）

公約は耳に優し

麻薬特例法違反容疑で逮捕された経済産業省のキャリア官僚（自動車課課長補佐）の省内にある机の中から、複数の注射器が押収された。省内で覚醒剤を使った可能性大。「仕事のストレスから医師に処方された向精神薬を服用していた。より強い効果を求めて覚醒剤に手を出した」との趣旨の供述もある。不思議なのは、極めてたちの悪い事件であるにもかかわらず、メディアでの取り上げ方が少ないことである。メディアと肩で風切る経産省の実相に対して、「覚醒」すべきは国民である。

大学無償化法というまやかし

毎日新聞（5月14日付）の「アクセス」というコーナーは、5月10日に成立した、低所得世帯を対象に大学や短期大学などの学費を無償化する、通称「大学無償化法」を取り上げている。授業料や入学金の減免に「給付型奨学金」の支給を内容とし、住民税非課税世帯を基本的な対象とするため、「進学以前に生計が成り立たない世帯では」とツイッター上の声もある。厳しい所得制限と中間層への支援もないため、「無償化に値しない」との批判も紹介している。さらに、一部の国公立大や私立大の減免基準より厳しい所得制限で、減免措置を受けている学生への支援打ち切りを懸念する声すら上がっているそうだ。

正式名称は「大学等における修学の支援に関する法律」（大学修学支援法）であるが、教育ジャーナリストのおおたとしまさ氏は「『無償化法』はごまかしに満ちたネーミングで、そのまま報じるマスコミの姿勢も問題だ」とする。

「出す出す詐欺」の官邸農政に農業後継者を育てる気はない

日本農業新聞（5月11日付）は1面で、新規就農者を支援する「農業次世代人材投資事業」の2019年度予算が昨年度に比べ1割以上減額されたことで、全国の自治体に波紋が広がっていることを伝えている。複数の自治体によると、研修や経営開始を予定していた若者が給付されない他、既に交付されていた就農者も今年度は継続されない可能性があるとしている。

受給を前提として就農を目指す者、就農中の者にとっては「出す出す詐欺」という名の、国家による立派な犯罪である。

同省は「社会保障とは異なり、年齢や就農意欲など要件に当てはまっても全員もらえる支援ではない」とするが、農業の持続性を保障する上で、次世代を担う人材への投資の持続性が保障されないのは論外。

当然現場からは、「対象を広げたにもかかわらず、この予算では新規採択だけでなく継続も含めて厳しい。事業を頼りにする若者に説明できない」（香川県）、「大変困った状況。事業費が足りないことは明らか」（熊本県）、「国に予算確保をお願いするしかない」（鹿児島県）、「就農を目指して前職を退職するなど、退路を断った若者の人生を左右する問題。地域の営農計画も頓挫する」（岡山県新見市）」などの批判が出ている。

同紙（5月14日付）は続報として、現場の怒りと窮状を伝えている。

非農家出身で岡山市北区に移住した桃生産者（39）は、大手企業を退職し、２０１３年から農家となる。当該事業の準備型、経営開始型支援を見込み「未収益期間」の長い果樹に新規参入。支援によって作業時間が確保でき、地域の信頼も獲得し、技術レベルも向上。長期計画をたて機械投資も可能となった。それだけに「はしごを外された思い。農政への不信感でいっぱいだ」との憤りはもっとも。

奈良県の非農家出身で同市に移住し、桃生産での就農希望者（40）は、今年から経営開始型を受給する予定だったが、減額で不透明となる。「国の支援を頼りに就農を決断した人に、予算がないからやっぱり支給しないという言い分が通用するのか。ひどすぎる」と、怒りと不安を隠せない。

当然、自治体も詐欺の被害者である。

岡山市は「相談会では生活を支える制度があると説明してきた。……極めて重大な課題で、あり得ないことだ」と不満を募らせる。

岡山県は「このままでは人生を懸けて就農したのに支援できない若者が出てくる。……行政の信頼が損なわれる」と危惧する。

武闘派から舞踏派への変心

このような情況に怒るべきJAグループの関心は選挙に向かっているようだ。

佐賀新聞（5月8日付）によれば、参院選佐賀選挙区に立候補を予定している自民党現職の事務所開きで、JAグループ佐賀の政治団体、県農政協議会の金原壽秀会長は「佐賀の選挙は（官邸主導の農協改革に反発してきた）われわれのせいもあり厳しいが、推薦した以上、しっかり体制をつくり支援していきたい」と述べたそうだ。氏は全国農業協同組合中央会の副会長でもある。

氏の発言は、「官邸農政に反発したことをわび、その反省にたち参院選では、最終的には官邸農政に付き従う勢力を支援します」と解釈できる。官邸農政への白旗だとすれば、「農協改革への反発」を支持した人たちの信頼を失う問題発言である。

4月24日号の当コラムで書いたように、金原氏は二階俊博幹事長の中国訪問に同行した。「外遊に連れて行くのは二階氏流の人心掌握術だ」との自民党関係者の声も紹介した。

武闘派として名を馳せた氏が、二階氏の掌で踊る舞踏派に変心したとすれば残念でならない。

暴力とハネムーン

日本農業新聞（5月9日付）によれば、自民党は、夏の参院選公約に改正農協法で政府が検討するとされているJA准組合員の事業利用規制の在り方について、「組合員の判断に基づくものとする」と明記する方針を固めた。JA関係者に規制導入を懸念する声が多いことから、農協改革に対する不安を払拭し、農協票の獲得を目論むもの。すでに二階氏は、JA全中が4月に開いた政策確立全国大会に寄せたビデオメッセージで、准組合員の事業利用規制について「最終的に組合員の声、判断で決めればよいことは当然だ」と、当然のことを重々しく語り、公約に盛り込む考えを示唆していた。こんなことを有り難がるなよ、みっともない。

選挙公約が当てにならないことは娑婆の常識。ＪＡ関係者なら、ＴＰＰに関する国会決議を平気で反故にする政権であることを忘れてはいないはず。さらには、憲法すらもしれーっと改悪する連中。ＪＡ組合員や職員にこの程度の公約にすがって投票を呼びかけるなら、鼻で笑われる悲しきピエロ。良薬は口に苦いが、公約は耳に優し。

同紙同日の「アンテナ」というコーナーで、「頭のてっぺんから爪先まで、農協でできている」（確かに、農協を食いものにしていればそうなるはず）と自己分析する参議院議員現職は、准組合員の事業利用規制に対して、「長い協同の取り組みをベースに発展してきたＪＡを壊すものでしかない」と危機感を募らせ、「断固戦う」そうだ。どんな戦いを示してくれるのか、期待値ゼロ。

作家平野啓一郎氏による『ある男』（文藝春秋、２０１８年、１８３頁）にあったフレーズになぞらえるならば、来る参院選でも「暴力とハネムーン期を繰り返すＤＶ」の加害者と被害者のおぞましき濡れ場を見せつけられるはず。

「地方の眼力」なめんなよ

（２０１９・05・22）

大義を大儀がらずに考える

私の一日はNHKのEテレ（教育テレビ）で始まる。6時25分からのテレビ体操で体を動かし、「にほんごであそぼ」「えいごであそぼ」そして「0655」と続く。たったこれだけだが、Eテレのクオリティーの高さがうかがえる。褒めると、現政権がここにまで介入しそうなのでこれまでふれなかったが、しんぶん赤旗（5月20日付）が、「質の高い語学、最新研究を踏まえた科学や歴史番組など……世界的にも貴重な教育専門チャンネル」として取り上げていたので、賛意を表す。

付ける薬のない議員にはマニュアルの効果なし

5月16日付の新聞各紙は、自民党が「『失言』や『誤解』を防ぐには」と題したマニュアルを作成し、同党所属国会議員らに配布したことを伝えている。まぁ手取り足取りの内容。党幹部も「自民党は幼稚園も併設していますと看板を掛け直さなければならない」と嘆いているそうだが、これもまた幼稚園に失礼千万な話。

このマニュアルに効果がないことを、委員会で般若心経を唱え有名になった谷川弥一衆院議員（長崎3区）が証明してくれた。

東京新聞（5月20日付）によれば、九州新幹線長崎ルートで未着工の新鳥栖－武雄温泉（佐賀県）の新幹線建設に反対している佐賀県の対応に関して、佐賀県知事に「韓国か北朝鮮を相手にしているような気分だ」と語ったそうだ。当然、佐賀県関係者は「整備方式は短時間で簡単に決められる話ではない。あまりにもひどい発言だ」と反論。

氏は不適切発言だったので「謝罪、修正したい」とのこと。後付けのウソを重ね、口先だけの謝罪、修正となるはず。

大学の在り方も歪める「大学無償化法」

先週の当コラムで「大学無償化法」をまやかしとしたが、元文部科学事務次官の前川喜平氏（現代教育行政研究会代表）は、東京新聞（5月19日付）の「本音のコラム」で、無償化にほど遠いという問題に加えて、「支援の対象者に所得以外のさまざまな条件がつけられること」をあげている。「高校卒業後二年までに入学した者に限る」がその例で、生涯学習の理念に反しており、「入学年齢で差別するべきではない」とする。さらに、「実務経験のある教員による授業科目を一割以上配置し、法人の理事に産業界等の外部人材を複数任命する」といった条件を満たしたものが法律上「確認大学等」となり、それ以外で学ぶものは支援を受けられない。これに関して「法の下の平等に反する」とバッサリ。返す刀で、この「無償化」なるものを、「学生を人質にとって、大学に対し産業界の要求に応じる教育を行うよう迫り、大学の在り方を歪める政策」と、とどめを刺す。

地方議会の危機と打開策

日本農業新聞（5月20日付）の「論点」で、総務大臣経験者である片山善博氏（早稲田大学大学院教授）は、今回の統一地方選挙において無投票当選が多かったことを取り上げ、「議会の劣化は免れない」とする。そして、「自治体には重要な課題がめじろ押しである。その自治体の方針や取り組むべき施策を最終的に決めるのが議会なのだから、その議会の劣化が進むのは由々しき事態だと認識しなければならない」と、警鐘を鳴らす。

議員のなり手不足については、「地方議会の仕組みが今日の社会にそぐわなくなっていることに原因がある」とのこと。地方議会のほとんどが年4回の定例会方式を採用しているが、それは水田農耕を中心とする社会に対応したもので、農繁期を避けているのは議員のなり手として専業農家を想定したもの、との推察は興味深い。今日では、専業農家は極めて少数派。ほとんどが会社等に勤務しているから、議員のなり手は確実に減っていく。

さらにワクワクしない原稿棒読みの儀式的議会では、「若い人たちにそっぽを向かれて当然だろう」とする。

そこで、隔週金曜日の夕方に議会を開き、会社員、兼業農家、ＪＡ職員なども議員になりやすい環境を作り、儀式をやめ、地域のことを真摯にかつ闊達に話し合って決める議会運営に努めることを提案する。

今回の統一地方選挙から得られる教訓として、「議会の現状を顧みることなく、ただ議員のなり手不足を嘆いているだけでは、地方はじり貧を脱することはできない」ことをあげている。

議会が遠ざかる旧村

地方議会の存在意義を考えさせるのが、西日本新聞（５月９日付）の「平成大合併　細る旧村」という記事。２００２年の日韓ワールドカップの時に、カメルーン代表のキャンプ地となった大分県旧中津江村を取り上げている。05年に旧日田市に編入合併し、「周辺部」となる。旧村の役場は「振興局」になり、職員は40人から12人に減。現在の人口は約７５０人。今年４月の市議選では隣の旧上津江村を含め地元出身の候補はゼロ。村議時代は80票あれば当選できたが、市議の合格ラインは千票。村民全員の票を集めても届かず、議会が遠くなっている。それは合併域内での格差拡大と、周辺部の衰退を加速させている。何のための大合併だったのか、嘆息を禁じ得ない。今、何に取り組まねばならないのか、重い課題を投げかけている。

興味深い「穏健な多党制」

毎日新聞（5月8日付）の「論点」は、元経済企画庁長官の田中秀征氏のインタビューを載せている。特に興味深かったのが、「穏健な多党制」の実現を目指した、選挙制度改革の提言である。

――令和時代の政治がまず手をつけるとしたら、衆院選挙制度の見直しだろう。中選挙区連記制などが望ましいが、現実的な改正案は、関連法が審議された93年当時の当初の政府案だ。小選挙区比例代表並立制を導入するが、小選挙区と比例代表の議席を２５０ずつ配分するものだった。現行制度よりも比例代表の配分を増やし、２大政党ではなく、『穏健な多党制』を目指す。例えば、原発を厳しく監視するような政治家は小選挙区で立候補しても当選できない。しかし、全国比例にすれば20～30人は出てこられる。政治が電力会社や原発の規制行政を常に監視していれば、東京電力福島第１原発事故は起きなかった。これまでのように、経済成長のためにエネルギー消費を拡大し続けていいのか。多様な声を国政に届けられるよう選挙制度面でも配慮すべきだ。

今だからこそ考える

衆参同日選挙を巡って賑やかになってきた。大義の有無がかまびすしい。何とでも言える話。あの国難突破解散を思い出すだけで十分。無法者集団の現政権、どんな手でも使ってくる。それへの闘いこそが国民にとっての大義。大儀がらずに、議会は、議員は、有権者は、どうあるべきかを考える。我々を取り巻く状況が、悪くはなっても良くはなっていない、今だからこそ。

「地方の眼力」なめんなよ

不労会談

（2019・05・29）

「ヒノキの芳香に出合うと幸せな気分になる」から始まる長野日報（5月22日付）のコラム「八面観」は、全国から大工や職人ら430人が伊那市に集まり、鉋の薄削り技術を競った「全国削ろう会信州伊那大会」を取り上げている。そして、「植えて育てて、採って活用し、また植える。健全な森林づくりには担い手、作り手、使い手のつながりも欠かせない。森の恵みや木の温もりを肌で感じよう」と訴え、市民参加の森林づくりや木工体験などをすすめている。

求められるストック重視

「私たちの社会には、いろいろなストック＝蓄積がある。自然はこの社会を支えている大きなストックだ」で始まるのは、内山節氏（哲学者）による東京新聞（5月26日付）の「時代を読む」。自然に加えて、物づくりの技、町の商店、農地や農民の技、そして文化的ストックなどが挙げられている。

ところが市場経済は蓄積に価値をおかず、「フロー＝流動性に価値の源泉を求める経済」とする。よって、「自然に対してさえ、その自然がどれだけの商品的価値を上げるかが追求される」が、「現在多くの人々が求めている豊かな社会とか幸せな暮らしといったものは、蓄積に支えられたものが多いのである。コミュニティーや地域社会なども蓄積がつくりだしたものだ。……それらはすべて市場がつくりだすようなフローの価値ではない」とする。

故に、「価値の基準を市場に求めた」ことを、資本主義とともに生まれた経済学が犯した「大きな誤り」とする。

そして、人口減少、市場縮小時代に入ると、「フロー経済だけでは社会は壊れていくばかりである。地域から商店がなくなり、地域の文化も維持できなくなっていく。これからは、蓄積されたものに価値を見いだし、その価値を多くの人々が共有していける社会をつくらなければいけないのだろう」として、「フローの経済学からストックの経済学への転換」を訴えている。

フロー重視の日米首脳会談

毎日新聞（5月28日付）の「論点」において、今回の日米首脳会談についてパトリック・ハーラン氏（タレント）が平易で核心を突いたコメントを寄せている。

ひとつは、大統領が「農業や牛肉は大きな進展がある」「大部分は7月まで待つことになる。大きな数字を期待している」と26日のツイッターに書き込んだことについて。

「これが意味するところは何か。明らかに安倍晋三首相への配慮から夏の参院選（衆院選も？）を意識して、『それまでは首相に不利になるような交渉はしない』と約束したようなものだ」とのこと。

もうひとつが、27日の首脳会談後の共同記者会見で、聞かれもしないのに「TPP（環太平洋パートナーシップ協定）には縛られない」と言明し、TPPを上回る米国産農産物の関税引き下げに抵抗する日本をけん制したことについて。

「大統領の話しぶりから推測するに、選挙までは交渉を控えるが、『終わった後は分かっているな』との言外の意味が読み取れる。日本側には、令和初の国賓としてこれだけもてなしたのだから、『今後も無理な要求はしないよね』という期待があるだろう。でも、大統領が全く逆のことを考えている可能性はある。今後、日米双方でお互いに『分かっているだろうな合戦』が始まるかも。まさに『ディール（取引）』の世界で動く大統領らしい、はっきりしない発言だった」とする。

日本農業新聞（5月28日付）も、これらのトランプ発言をベースにおき日米貿易協定交渉の行方を1面で取り上げた。その解説記事では、「早期合意を目指しつつ、日本側が影響を懸念する夏の参院選に配慮する米国側の姿勢が鮮明になった。だが、目先の政治日程を巻き込んだ貿易交渉は、日本国内に禍根を残しかねない。日本政府には米国側の期限ありきの姿勢に乗らない交渉戦略と、国会での説明責任が問われそうだ」とする。

同紙同日の論説は、「来年に大統領選を控えたトランプ氏、この夏に参院選を控える安倍首相。それぞれの国内の政治状況をにらみながら、双方とも、懸案の日米貿易交渉を有利に進めたいとの思惑が浮かぶ。『選挙互助外交』と評されるゆえんである」とし、「日米同盟強化の『代償』に、日本の農畜産物が差し出されることがあってはならない」とする。さらに「各党は参院選の公約に日米貿易問題への対応を盛り込み、有権者に判断材料を提示すべきだ」とし、選挙戦の争点に位置付けることを求めている。

これらからも、会談内容がストックを重視するものではないことは明らかである。

沖縄タイムスと中国新聞は訴える

沖縄タイムス（5月29日付）の社説は今回の会談内容を、「夏の参院選を前に『農業票』を逃したくない安倍政権と、貿易不均衡の是正に意欲を示すトランプ政権の思惑の一致」とする。そして、「参院選後まで待つとの判断は、首相との友好関係に配慮してのことだろう。『貸し』をつくることで譲歩を引き出したい狙いも透けて見える」とする。譲歩の対象は、日米両国が事前に「農産物関税はTPP水準を限度とする」とした合意事項であることは明らか。ゆえに、「これは……自由貿易の原則に関わる話である。合意を無視した理不尽な要求は許されない。政府は毅然と対応すべきだ」と、まっとうな要求を突きつける。

そして、「日米同盟の絆が強調された首脳会談で、辺野古は語られず、そのコストを負担する沖縄への配慮も示されなかった。『宝の海』を埋め立てる工事強行を許しているのは、日米為政者の『辺野古忘却』」と、指弾する。

同紙は27日の社説においても、名護市辺野古の新基地建設を、「日米関係のノドに突き刺さったトゲ」と喩え、「沖縄県はトゲが刺さった状態で復帰し、今なおそのトゲに苦しみ、これから先もノドに突き刺さったトゲから自由になれない不安を抱える」と訴える。そして、「県民投票で『辺野古埋め立て反対』の圧倒的な民意が示されたあとだけに、日本側が率先してこの問題を取り上げ、新たな解決策を模索するのが筋だ」が、その気配はまったくなく、この会談でも何一つ期待することができない、と嘆く。

さらに、「平成から令和への改元、トランプ米大統領の来日と前例のない『おもてなし』――一連のイベントを通して目についたことがある。それは、安倍首相を時の人としてクローズアップさせる広報戦略や演出力の巧みさであり、同時に、改元であれ大相撲であれ政治利用をためらわない姿勢である」と、急所を突く指摘に溜飲を下げる。

中国新聞（5月28日付）の社説も、「日本の国内農業はすでに大きな打撃を受けている。TPPを脱退したのは米国である。トランプ氏の選挙応援のために譲歩できまい」とするとともに、「日本政府は米国が2月にネバダ州で臨界前核実験を行っていたことが分かってもくぎを刺した形跡はない。難しい問題でも日本の考え、立場をきちんと話す関係を築くべきである」と、くぎを刺す。

今回のイベントでは、アメリカの出方次第では解決の糸口が見つかる、日本国民にとって極めて切実な問題について、何も話し合われていない。フロー重視のお二人の、重責果たさぬ会談として「不労会談」と呼ぶことにする。

「地方の眼力」なめんなよ

いろんな暮しがあるんです

（2019・06・05）

「人生100年　蓄え2000万円必要」というような見出しで、6月4日の各紙朝刊は、金融庁の金融審議会が「人生100年時代」に備え、計画的な資産形成を促す報告書をまとめたことを取り上げている。年金だけでは老後の資金を賄えず、95歳まで生きるには夫婦で2000万円の蓄えが必要という試算から、人生の段階別に資産運用、管理の心構えを説いている。

素人の投資は老後破産をもたらす

麻生太郎財務大臣は、テレビのインタビューで「100まで生きる前提で退職金って計算してみたことあるか？　普通の人はないよ。そういったことを考えて、きちんとしたものを今のうちから考えておかないかんのですよ」と、したり顔で語っている。

しかし、要は「少子高齢化による公的年金制度の限界を政府自ら認め、国民に自助努力を求めた」もの。自助努力のひとつがいわゆる「財テク」。以前、当コラムも自らの古傷をさらし「財テク」の怖さを紹介したように、元本割れリスクのある投資商品に素人は手を出すべきではない。悲しむべき老後破産が待ち受けているのみ。北國新聞（6月4日付）も、荻原博子氏（経済ジャーナリスト）による、「金融庁が（所管外の）年金の話を持ち出して、国民に投資を勧めることに怒りを覚える」とのコメントを紹介している。

農業への道しるべ

若手農業者や大学生が、足湯につかりながら農業について考える意見交換会が6月2日、福井県あわら市のえちぜん鉄道あわら湯のまち駅前広場の「芦湯」で開かれた。福井新聞（6月4日付）によれば、同市の農業者が、大学生に農業の世界を知ってもらい、農業従事者と和やかに交流できる場をつくろうと初めて企画したもの。県内外の大学生と農家など約20人が参加したそうだ。

「重労働で安定しないといったイメージがあるかもしれないが、機械化が進み、変わってきている」と農家が現状を語れば、「農業に興味を持ったときにどこに頼ったらよいかなど、道しるべとなるものがあったらうれしい」と、学生が農業への道しるべを求める。さらに、「農家の方と直接会話するのは初めてで新鮮だった。知識が増えて、農業に対する見方が変わった」と言う、学生の貴重な感想も紹介されている。

やはり期待を抱かせる地域おこし協力隊

道しるべの一つが地域おこし協力隊。日本農業新聞（6月4日付）は、移住・交流推進機構が今年1月に、全国の地域おこし協力隊員を対象に行ったアンケート結果（回答者2085人）を紹介している。まず協力隊に応募した理由として、最も多いのが「自分の能力・経験を生かせると思った」（61％）、これに、「地域の活性化に役立ちたい」（52％）、「活動内容が面白そう」（51％）が続く。「農林水産業への従事」は14％。ところが、隊員が最も時間を割いている活動を聞くと、最も多いのが「農林水産業への従事」（12％）、これに「情報発信・ＰＲ」（10％）、「地域コミュニティー活動（行事、集落活動支援、住民活動支援）」（９％）が続いている。選択肢は12項目あり、多数を占める項目はなく、地域の状況に応じた多様な活動実態がうかがえる。

また、54％が3年間の任期終了後に、定住を予定している。その半数（51％）が起業を希望しているが、起業において不安な点として「資金面」と答えた隊員が80％もいる。今後の相談体制などを含めて、支援のあり方の検討が求められる。

WWOOF（ウーフ）、これも国際的関係人口づくりの一つのあり方

前出の福井新聞は、ＷＷＯＯＦ（ウーフ）についても取り上げている。ＷＷＯＯＦとは、農作業を手伝う旅人（ウーファー）と有機農業を営み食事や寝所を提供する農家（ホスト）をつなぐ英国発祥の国際的ネットワークで、約60カ国・地域に組織がある。日本では１９９４年にウーフジャパンが創設された。対価を伴う労働や観光農業とは異なり、人と人の交流を目的としており、農家も旅人も会費を支払、登録・更新をする。ウーフジャパンに登録している農家は約４４０軒、旅人は３２００人以上とのこと。

記事では、無償の互助を通じて豊かな人間関係を育む交流に、新たな生きがいを感じている3軒のシニア農家を紹介している。

（1）福岡県うきは市の果樹農家（70）。農業を継いだが人手不足などに悩んでいたころウーフを知り、「手伝う人が来てくれて、外国人との交流が地域活性化にもなれば」と２０１３年にホスト登録。20代を中心に年間約30人が主に海外から来ている。「来てもらったからには、喜んで帰って欲しい。一緒に楽しめないと続けられないしね。海外のウーファーも訪ねたい」と、語る。

（2）和歌山県海南市のかんきつ類自然栽培農家（63）。２０１６年にホスト登録。年間の受け入れは20～30人で、「ウーフはお金のやりとりがなく、ストレスがなくていい。家族の一員のように寝食を共にし、触れ合いを大切にしています。交流で世界が広がります」とのこと。

（3）青森県七戸町の無農薬野菜と養蜂農家（68）。航空会社の客室乗務員を50歳で退職し帰郷後、56歳で就農。ホストを始めて3年。「世界から孫が集まるような感じ。やりたかった農業をしながら、英語力も生かせ、得意の手料理を振る舞うチャンスも。カラオケも行ったりして楽しいですよ」と、その醍醐味を語る。

文化的ストックの保存会を保存し続けるために

中国新聞（6月3日付）は、広島県北広島町で2日に公開された、ユネスコ無形文化遺産で、国の重要無形民俗文化財「壬生《みぶ》の花田植《はなたうえ》」を紹介している。約8アールの水田で、初めに竜や鶴の刺しゅう入りの布をまとった飾り牛14頭が代かき。続いて、地元の田楽団70人が田に入る。そして早乙女が田植え歌を響かせ横一列で苗を植え、後方では大太鼓が叩かれ、笛が奏でられる。まさに山里で受け継がれる田園絵巻。前回の当コラムで紹介した、貴重な文化的ストックの一つ。主催はNPO法人壬生の花田植保存会。後援や協賛も必要だが、何より保存会の存在に多くを委ねている。文化的ストックを残し続けるためには、保存会を保存し続けるための行政による手厚い持続的支援が不可欠である。

大事にすべき心や肉体を通った言葉

「地方から中央を見る視点は、見失ってはいけないと思います。私の周りにいる普通のおばちゃんが言っていることが、中央の〝偉い人〟が論じていることより劣っているとは思いません。人びとの心や肉体を通った言葉を、大事にしたい。米軍の辺野古新基地は反対だという沖縄県民の声もそうです。沖縄県民の声を無視する政権が、農業や観光業が衰退し、貧困が広がる美作《みまさか》の声を聞くわけがないと私は思います」とは、作家あさのあつこ氏（岡山県美作市在住、しんぶん赤旗日曜版、6月2日号）。

嘘つきの、抱きつき、泣きつき、運の尽き

（2019・06・12）

「妊婦税だ」といった批判が相次いだため、今年1月に凍結された、妊婦が外来受診した際の初診料などに上乗せされる、いわゆる「妊婦加算」が、2020年度から名称を変えるなどして再開される方向にあることを多くの新聞が伝えている。

妊婦加算が再開されれば国難は突破できず

読売新聞（6月8日付）の社説は、この問題を取り上げ、再開の課題として、「妊婦への診療内容に応じて、診療報酬に適切に加算される仕組みを作ること」を挙げ、「妊婦の経済的な負担をいかに軽くするかも重要な論点」とする。さらに、当該有識者会議　で出された「自己負担の増加によって、子どもを欲しいと思う人が妊娠をためらわないようにする方策を検討すべきではないか」という意見も紹介している。

皮肉なことに、同紙の1面には、厚生労働省が7日に2018年の人口動態統計（概数）を発表したことを受け、「1人の女性が生涯に産む子供の推計人口を示す合計特殊出生率は1・42で、3年連続で低下した。……人口減少は今後も拡大する見通しで、少子化の克服が課題」とのリード文が記されている。

先の衆議院解散における大義の一つが少子化問題であった。だとすれば、妊娠・出産・子育てにこれまで以上の支援をするのが普通の人間が考えること。いかに普通ではない人たちが制度設計にあたっているかを物語っている。妊婦加算再開に大義なし。

ファンドの資格なきA‐FIVE

日本農業新聞（6月11日付）によれば、農林漁業成長産業化支援機構（A‐FIVE）の累積赤字が2018年度末時点で約92億円に膨らむ見通しとなった。同機構は農林水産業を振興する目的で、2013年に官民共同で設立された投資組織。17年度末時点で約64億円の累積赤字で、これに2018年度は、香港に果実や畜産物の輸出に取り組んでいた出資先企業が破綻するなどした影響で、約28億円の損失が加わるようだ。所管する農水省の産業連携課は、「投資実績をしっかり伸ばし、経費をペイ（支払い）できる体制を整えないといけない」としている。

同紙は、他人事のように淡々とベタ記事的に伝えている。しかし毎日新聞（6月9日付）は、次に紹介する関係者の声などから「不振の背景には、投資計画の見通しの甘さや組織の硬直的な体質も浮かび上がる」とする。

「生産者にとっては国の補助金や日本政策金融公庫の低利融資を使うことが一般的で、認知度のないファンドにはなかなか手を伸ばしてくれなかった」（A‐FIVE総務部長）

「官民ファンドなのに農家を育てる気がない。農業は非常に息の長い商売なのに」（利用者）

「6次産業化のスローガンはイリュージョン（幻想）だった。その犠牲を、A‐FIVEが国から押しつけられているのではないか」（財務省財政制度等審議会分科会委員）

田中秀明氏（明治大学公共政策大学院教授）は「農業を支援する公的な組織は日本政策金融公庫や農協などが既にあるので、そもそもA‐FIVEという新たな組織を作る必要はなかった。速やかに清算し、含み損のある投資案件を売って損失額を確定すべきだ」と、手厳しいコメントを寄せている。

同ファンドは、社用車をなくし本社機能を賃料の安い事務所に移転するなど、経費削減を進めるようだ。破綻した出資先企業の事実上の責任者でもあった同ファンドの役員は退任予定。ところが、退職慰労金1400万円は満額支払われる見通しとのこと。普通の人なら辞退するが、いかがなさいますか。

JAグループは官邸農政を支持!?

日本農業新聞（6月6日付）は、「参院選比例代表　農政連、試させる結集力　農協改革の行方左右も」という見出しで、JAグループの農政運動組織である全国農業者農政運動組織連盟（農政連）が、夏の参院選で自民党から比例代表に出馬する組織内候補者の支持拡大に力を入れていることを伝えている。

候補者は「准組合員の利用規制は絶対に認められない。日米交渉では農産物を守らなければならない」と訴え、同行した県農政連幹部は「JAの将来を左右する重要な選挙だ」と、危機感を募らせているようだ。

改正農協法が、准組合員の利用規制の在り方を検討するのは政府、と定めているため、「インナー（自民党農林幹部による非公式会合）」の一員である候補者の得票数が伸び悩めば、彼はもとよりJAグループの影響力が弱まりかねないことを、関係者は危惧する。全国農政連は3月の通常総会で、「これまで以上の組織の結集力により引き続き国政の場へ送り出す」と決議している。

同紙の隣の紙面では、全国土地改良事業団体連合会（全土連）も5日東京で集会を開き、政府に農業・農村整備（土地改良）事業予算の増額を強く求めたことを伝えている。

同連合会会長の二階俊博自民党幹事長は「役所に行って、ぺこぺこ頭を下げたってしょうがない。選挙で票を出して、すごいぞと思わせなければいけない」と強調し、夏の参院選を通じ、財務省に政治力を見せつけるべきだと発破を掛ける。

間違いなく、ＪＡグループにも檄を飛ばしている。その檄を受けてか、予定の行動か、農政連が6日、参院選の選挙区の推薦候補者を決めたことを日本農業新聞（6月7日付）が伝えている。40人（自民党38人、公明党2人）の推薦で、今後、申請があれば追加で推薦することもあるそうだ。現時点で政権与党候補者のみ。あえて言うまでもないが、政権与党の農政、すなわち官邸農政を支持している、と解釈されても否定できない状況である。

すごさの見せどころを誤るな

日本農業新聞（1月4日付）のＪＡ組合長アンケート結果では、野党の伸びを期待する組合長が多数派であった。当コラムは、「自民党候補者しか推薦しないような全国農政連の意思決定は、組合長の総意とは明らかに異なっている。これは民主的な組織の意思決定ではない。それとも、ＪＡグループは民主的な組織ではないということか。さぁ、どっちだ」と問いかけた。

「嘘つき政治家にぺこぺこ頭を下げたってしょうがない。選挙で票を出して、政権交代を起こし、ＪＡグループはすごいぞと思わせなければいけない」と、まっとうな檄を飛ばしたい。

朝日新聞（5月28日付）の天声人語は、「抱きつき、泣きつき」という言葉で、安倍首相のトランプ氏への度外れた厚遇ぶりを見事に表現した。

これに擱きマクラとオチをつけさせていただき、「嘘つきの、抱きつき、泣きつき、運の尽き」を願うばかりである。

「地方の眼力」なめんなよ

どこまで続く出鱈目ゾ

（2019・06・19）

6月18日午後10時22分ごろ、新潟県下越で震度6強の地震が発生。被災された方々には心よりお見舞い申し上げます。被災者と被災地への手厚い支援を期待し、1日も早い復旧を願うばかりです。

コラムのネタには困りません

「毎週コラムを書かれて大変でしょう。ネタ切れで困ることはありませんか」と、声を掛けていただくことも少なくない。喜ぶべきか、悲しむべきか、取り上げたい話題は毎日毎日湧いてくる。

毎日新聞（6月14日付）が、「政府に逆風三重苦　老後2000万円　イージス　特区」の見出しで、夏の参院選を控え、にわかに巻き起こった「逆風」3連発に政府・与党が警戒感を強めていることを伝えている。夫婦の老後資金として公的年金以外に「30年間で2000万円が必要」とした金融庁の審議会の試算への批判、秋田市での設置をめざす陸上配備型迎撃ミサイルシステム「イージス・アショア」を巡る防衛省の不手際や住民感情を逆なでする報告会での職員の居眠り、そして国家戦略特区ワーキンググループ（WG）の不透明さ、この3点セットである。

懸念が大きいとするのが、「2000万円」問題。確かに、当コラムでも取り上げたように、ほんの数週間前は、「下々の皆さん、ちゃんと準備しておかないと大変な老後ですよ。私には関係ありませんがね」と言わんばかりのしたり顔で、記者の質問に答えていた麻生太郎金融担当相。ところが、風向きが変わったとみるや、「政府のスタンスと異なる」と、試算をまとめた報告書の受理を拒否。さらには、委員会で担当者に謝罪させるなど、相変わらずの「アホウの俺様」状態。

ポヨヨ～ン狸の森山裕国対委員長は「報告書はもう（存在し）ない」と繰り返し、存在しないものについての質疑や討論は成立しない、とばかりの奇妙な屁理屈で火に油を注いでくれた。これほどまで国民を愚弄する議員たちに投票した有権者の顔が見たい。

陸上配備型迎撃ミサイル「イージス・アショア」については、陸上自衛隊新屋演習場（秋田市）以外の19の検討地を「不適」と結論づけた防衛省報告書の仰角データに複数の問題があった。「新屋ありき」の決め打ちの疑いあり。防衛省は、頭は下げるが、同演習場を「唯一の適地」とする姿勢を変えぬ上から目線。

特区WGでは、原英史座長代理が申請団体を指南し、原氏の協力会社がコンサルタント料を受け取っていた。さらに、座長代理が指南した規制緩和提案を巡るヒアリング開催を非公開としている。まさに、特区を食い物にする利権誘導の疑念を禁じ得ない。

やはり隠蔽。でも驚きません

翌15日付の同紙が、「特区審査　隠蔽認める　内閣府WG座長が決定　委員指南案」という見出しで報じたことによれば、内閣府は14日に、提案者と水産庁へのヒアリング2件を2015年秋に開催していたことを明らかにした。内閣府や水産庁は「記録がない」などとしていたが、一転して隠蔽を事実上認めたわけである。この2件、官邸HPや政府答弁書に一切記載がなく、透明・中立をうたう特区制度の信頼を揺るがしかねない、とする。

ヒアリングには、民間委員では少なくとも八田達夫WG座長（大阪大名誉教授）と、原氏が出席し、「非公開扱い」の決定は八田氏。内閣府は正式なヒアリング開催時に義務づけられている議事要旨や議事録を作成しなかったとのこと。八田、原、両氏によれば、提案者の真珠販売会社から「秘密保持」を強く要請されたからだそうだ。この提案者の指南役が、原氏と氏が協力する「特区ビジネスコンサルティング」とくれば、疑惑は深まるばかり。

記事では、「野党からは、WG委員の判断で完全に『非公開扱い』とされた規制緩和案件が他にもあるのではないか、と疑う声が相次いだ」ことも紹介されている、

「解説」のコーナーでは、この問題が加計学園問題に続き、国家戦略特区の制度にふたつの大きな疑念を突きつけているとする。ひとつが「特区審査の透明性」。「明確な基準やルールの説明もなく、政策決定過程の完全な非公開がWGの裁量だけで決まる仕組みは、情報公開とのバランスを明らかに欠く。役所内部の記録さえ残さないなら後世の検証にも堪えない」とする。もうひとつが、「審査の公平性・中立性」。「民間委員がコンサルタント会社とともに提案者を指南する一方、提案を受け取って審査する立場も兼ねていた。『関係ある特定の提案者を優遇したのでは』という疑念を国民にいささかも抱かせるべきではない」とする。

また、「賛否があるからこそ、正々堂々とすべきだ。議論の前提が崩れている」と憤るのは佐藤力生氏（三重県・鳥羽磯部漁協監事、元水産庁資源管理推進室長）。氏によれば、「役所は何らかの圧力がなければ隠したりはしない」そうだ。

特区ブローカーの正体

そして19日付の毎日新聞は、「水産庁は18日、15年10月に実施されたヒアリングの記録文書が存在していたと明らかにし、公表した。政府は開催自体を隠蔽し、これまで『非公式の会合で、記録もない』と説明していたため、野党が追及を強めるのは必至だ」とする。このヒアリングには内閣府職員も同席したという。

国民民主党の舟山康江参院国対委員長が、18日の記者会見で「国家公務員でもみなし公務員でもないWG委員の発言

が、結局（昨年の漁業）法改正の端緒になった。本当に必要な規制緩和なら隠さず堂々とやればいい。これは特区の構造的欠陥だ」と強調したことも紹介している。

また、文書では、内閣府が所管する特区制度について尋ねた水産庁に対し、「そんなことをこちらから説明しなければならないのか！　水産庁で調べるべき話だろう！」と、原氏が反発する記述が確認される。職員が、行政文書にびっくりマークを付けるほどの剣幕だったようだ。虎の威を借る特区ブローカーの正体ここにあり。

スクープのきっかけ

「あの山がそんなに高いはずは――。スクープのきっかけは記者の素朴な疑問だった。地上配備型迎撃システム『イージス・アショア』の配備を巡り、防衛省の適地調査に重大な誤りがあった。地元の秋田魁新報の取材で発覚した」で始まるのは、西日本新聞（6月13日付）のコラム「春秋」。「納得いかない記者が分度器と地図で測ってみると、山を見上げた角度がおかしい。実は9カ所で過大に報告されていたのだ▼地元紙ならではの『土地勘』と、不安を暮らせる住民の側に立って粘り強く取材した成果だ。地方に拠点を置くメディアとしてお手本としたい」とする。しかし、「ミスが判明して住民の信用を失っても、『新屋が適地』は変えないという。地元の声に耳を貸さず強引に進めるやり方は、沖縄の基地問題と二重写しのようにも」と、怒りを抑えながら結ぶ。

次々に出てくるホコリや降りかかる火の粉を、諦めることも怯むこともなく払いのけ、元凶を絶つしかない。

「地方の眼力」なめんなよ

バカは投票に行かないんだって（2019・06・26）

「令和になりましたが、私は元号を使いません。なぜか？　元号が変わることで、すべてがチャラになっちゃう。戦争は昭和の出来事でもう終わったこと、平成も終わって、令和になったから過去はもう関係ない。そんな国でいいんですか」と、問いかけるのは下重暁子氏（作家）（毎日新聞6月19日付）。当コラムも首相と官房長官のツラがつきまとう故に、元号不使用を決めている。

森が泣いている

「『水』の次は『森』！　そこまで民間に売りますか⁉」という見出しで、今国会で成立した「改正国有林野管理経営法」を取り上げているのは荻原博子氏（経済ジャーナリスト、「サンデー毎日」6月23日号）。全国の森林面積の3割を占め、これまで国が管理、伐採してきた国有林の一部を、10年から50年の間、伐採できるとする「樹木採取権」を民間業者に与えるとともに、伐採後に植林する義務はなく、いわば「木は切りたい放題」とする、なんとも締まりのない法律。

２０２４年以降、多面的機能を遺憾なく発揮している森林を守るための「森林環境税」が、国民１人あたり年１０００円、住民税に上乗せされて徴収される。これに対して、「民間業者が森をどんどん伐採していくなら、何のための増税なのでしょうか」と、疑問を呈する。そして「税金を払っても、それで森が守られるのなら文句は言いません。けれど、営利目的の大手企業に次々と伐採され、売り飛ばされていくなら納得はできない」と、怒りを隠さない。考えてみれば、その税金、森を守ることを隠れ蓑にした大企業への補助金そのもの。森を出汁にした大企業優遇策だとすれば、森と国民を愚弄する改悪法そのもの。

水道の民営化、漁業法改正、日米ＦＴＡによる農業の〝売り渡し〟に加わる国有林問題から、「私たちは、当然のように豊かな森と水と海の『美しい日本』で生きてきましたが、その豊かな自然も、安倍政権下の法改正で、どんどん変質していきそうです」と、憂えて終わる。

豪雨の土砂を用いた「水田再生プロジェクト」

変質した自然を旧に復することは容易ではない。しかし、その困難に立ち向かおうとする、地道な取り組みを西日本新聞（6月24日付）が紹介している。

２０１８年夏の九州豪雨で多くの農地が被災した朝倉市における、災害で発生した土砂を使って、被災した水田で稲を作る「水田再生プロジェクト」である。平野部の５４９ヘクタールは土砂を撤去して復旧。しかし9河川の流域部約２００haは元の形に戻すことが難しく、水持ちが悪い砂質の土（真砂土）が堆積している。市は平野部で取り除いた粘性の土（粘性土）を表土に、真砂土と粘性土を混ぜた土を水漏れを防ぐための基盤土に活用する考え、地元から提供された実験田に、表土と基盤土の厚さが異なる10アールの水田を3区画造成。地元住民でつくる生産組合が管理し、普及センターなどがアドバイスし、肥料などはＪＡや寄せられた募金から提供するとのこと。23日には、地元住民ら約60人が農地再生への願いを込め、苗を一本一本丁寧に植え付けたそうだ。

「地域や関係機関の協力なしにはできなかっただけに、感謝の思いでいっぱい。農地再生に向け全力で頑張りたい」と語るのは、市農地改良復旧室長。

わが物顔のオスプレイ

信濃毎日新聞（6月22日付）は「オスプレイ目撃　南信で急増　米軍横田基地に配備後」という見出しで、米軍横田基地（東京都）に空軍の輸送機CV22オスプレイが正式配備された2018年10月以降、同機とみられる機体の目撃情報が、長野県南地域で急増していることを伝えている。オスプレイの訓練空域とされる「エリアH（通称・ホテルエリア）」に一部が含まれる市だけではなく、広範囲での目撃情報あり。

米軍機の監視活動を続けている埼玉県平和委員会によると、横田配備の前後、埼玉県内でもオスプレイの目撃が急増。長野県に近い埼玉県西北部での目撃回数も増えており、横田配備の影響が長野県に及んでいる可能性を同委員会代表理事も指摘する。

前田哲男氏（軍事評論家）も、日米安保条約、日米地位協定に基づいて米軍機は米軍基地間を移動できるが、「拡大解釈して、全国で低空飛行や多様なルートを飛んでいる」と説明し、当該地域での飛行が訓練の一環である可能性を示している。

さらに石川文洋氏（長野県諏訪市在住の報道写真家）は、「徐々に庶民を慣らすために飛行訓練を続けるだろう。飛行が当たり前と思い始めると危険だ」としたうえで、県内で目撃した時には「長野だけでなく沖縄の基地問題を考えてほしい」「基地があり、日本の空で訓練させていると、いつか加害者になり得ることを長野県民も意識しなければならない」と、訴えている。

長野県内世論調査結果と一票を投じる意味

26日付の信濃毎日新聞には、同紙が長野県内全77市町村の有権者を対象に23、24日に行った電話による世論調査の結果を載せている。回答者は809人。注目したのは次の5項目。

（1）「重視する政策や課題」（3つ以内）について回答率が3割を超えるのは、「医療・福祉・介護」（56・2％）、「景気・雇用などの経済政策」（44・6％）、「年金」（35・5％）、「教育・子育て・少子化政策」（32・7％）の4選択肢。

（2）「アベノミクス」への評価は、「評価する」（どちらかといえば、を含む）が45・9％、「評価しない」（同）が51・7％。

（3）「地方創生は成果を上げているか」については、「上げている」（同）が19・5％、「上げていない」（同）が74・6％。

（4）「6年間で経済的な暮らしぶりが良くなったと思うか」については、「良くなった」（同）が39・0％、「悪くなった」（同）が51・9％。

（5）「老後の生活への経済的不安。あるいは現在不安を抱えているか」については、「ない」が23・9％、「ある」が74・9％。

現政権が胸を張るほどの成果は乏しく、多くの人が「不安」を抱えていることは明らか。しかし、それが政権交代に直結しないことを、43・8％にも及ぶ「安倍内閣支持」層が教えている。

高村薫氏（作家）は「サンデー毎日」（7月7日号）において、「私たちは7月に参議院選挙を控えている。この国の民主主義はほとんど空気のようなものだが、とりあえず普通選挙があるだけでも、香港の人びとよりどれほど恵まれていることか。個々人が選挙に行きさえすれば、法治国家の基本ぐらいは守られるし、自由にものを言うこともできる社会は、香港から見れば天国だろう。そう思うと、選挙に行かないのはバカである。支持する政党や政治家はなくとも、私たちはたとえば催涙ガスを浴びながら権力と対峙する代わりに一票を投じるのだ。これが選挙に行く一番の理由だと、今日気がついた」として、「香港デモに思う一票を投じる意味」を、開陳している。

件の世論調査は、「支持政党なし」が41・0％と分厚く存在することも明らかにした。バカでなければ投票へ行くこと。

「地方の眼力」なめんなよ

（2019・07・03）

「アベ党」でよろしいんですかネ

「安倍政権の危険性はいままでの保守政権の比ではないですよね。……いまは『アベ党』です。ものすごく強権的なファシズムに入ろうとしています」（前川喜平氏・元文部科学省事務次官、しんぶん赤旗、7月3日付）

「安倍農政」6年半で、農業生産の基盤弱体化は止まらず

日本農業新聞（7月2日付）は、この6年半の「安倍農政」を検証している。

安倍晋三首相は、「生産農業所得はこの19年間で最も高い水準」と、ことあるごとにその成果を誇るが、「伸びをけん

引した畜産や野菜の産出額の増加の背景には、肉用牛の飼養頭数の減少など、生産基盤の弱体化による供給力の低下と、それに伴う価格上昇がある」ので、「手放しでは喜べない」と、くぎを刺す。

もう一つの成果とされる農林水産物・食品の輸出額についても、「主力品目は水産物や加工食品」が多く、「農家所得の向上上には直結していないとの指摘がある」とする。

また、49歳以下の若手新規就農者が「統計開始以来、初めて4年連続で2万人を超えた」ことも強調されるが、「全体の新規就農者数は毎年5万から6万人で、離農者数に追い付」いておらず、「荒廃農地の面積も拡大が続いている」ことも伝えている。

2014年に農地中間管理機構を創設し、あの手この手で担い手への農地集積率8割をめざしたが、そもそも目標が高すぎたのか、やっと5割を超えた程度。

これらより、「政府が掲げた成果目標の進捗状況は芳しくない」として、「基盤弱体化止まらず」との大見出しとなった。

支持せず、評価せずとも、「アベ党」ですか

翌7月3日付の同紙は、農業者を中心としたモニター587人から寄せられた意識調査結果を報じている。主な質問項目への回答結果はつぎのとおりである。

（1）「安倍内閣を支持するか」については、「支持する」が40・9％、「支持しない」が58・1％。

（2）「安倍農政」については、「評価する」（「大いに」と「どちらかといえば」の計）が27・4％、「評価しない」（「全く」と「どちらかといえば」の計）が65・5％。明らかに評価されていない。

（3）「評価する」とした回答者の「評価する政策（2つまで）」は、最も多いのが「農協改革」（38・5％）、これに

「米の生産調整の見直し」（28・0％）、「農産物輸出」（26・1％）が続いている。

（4）「評価しない」とした回答者の「評価しない政策（2つまで）」は、最も多いのが「TPPなど貿易自由化」（53・9％）、これに「農協改革」（45・3％）、「米の生産調整の見直し」（22・1％）が続いている。

（5）「日米貿易協定は日本の利益になるか」については、「大いに利益になる」（1・5％）、「どちらかといえば利益になる」（12・9％）、「どちらかといえば利益にならない」（39・0％）、「全く利益にならない」（33・0％）である。

大別すれば「利益になる」が14・4％、「利益にならない」が72・0％で、明確な差が付いている。

回答者の42・9％は自民党支持者。安倍内閣、安倍農政、さらには日米貿易協定、これらへの回答傾向から、自民党離れが進むかと思いきや、「参院選で投票する政党」で最も多いのが自民党の38・3％。これに公明党（2・4％）と潜伏与党の日本維新の会（2・9％）を合計すると43・6％。他方、野党を見ると、立憲民主党、国民民主党、共産党、社民党、れいわ新選組の合計は26・4％。どう見ても、政権交代はもとより、安倍おろしにすら通じない雰囲気が漂っている。

「決めていない」が28・4％であるが、これらは消極的政権与党支持層と位置付けなければならないだろう。

恫喝に買収!?　JAグループは大丈夫ですか

毎日新聞（6月30日付）によれば、自民党の二階俊博幹事長は、29日、徳島市内であった党参院議員の激励会で、土地改良事業関係者を前に挨拶し、参院選で「我々の方針と一緒にやってくれないところは予算は休ませてもらう」「選挙を一生懸命やってくれるところに予算をつけるのは当たり前。やりましたよと胸張って言えるようにすれば、要求に満額お応えする」と述べたそうだ。この発言内容、どこから読んでも、国の予算編成に対する与党の影響力をたてに選挙活動への協力を迫った、まさに恫喝による買収行為である。これが、大問題として取り上げられないのが、不思議の国でアリンス。

間違いなく、ＪＡ関係者にも同じ手口が使われている。

二階氏と太いパイプでつながっているＪＡ全中会長中家徹氏は、『地上』（２０１９年7月号）で、次のように語っている。

氏は自らの経験から、「わたし自身も……地域コミュニティーのなかで生きてきました。ところが、近年、農村の人手が不足するなかで、協同作業を業者に任せてしまうという例も見られます。お金を払えば解決できることもあるでしょうが、それでなにを失ってしまうのか、今こそわたしたちは目を向けなければなりません」と、語っている。

お節介な当コラム、「お金を払えば」を「お金を貰えば」に差し替えて読むことをおすすめしたい。

さらに、「10年、20年先を見すえ、この国の食や農業をたいせつにするという国民・消費者の心を育てていく視点が重要です」「国民・消費者に支えられ、農業が元気になれば、地域が活性化し、食料の安定供給にたいするリスクも減らしていける」「農業は、人の命を育む、いわば〝生命産業〟です。そこに携わっているというプライドを、ＪＡグループ全体で持ち、国民に理解を広げていきたいと思います」と、決意が語られている。

内容自体にはまったく異議を挟む余地なし。しかし、「ＪＡグループは国民・消費者に信頼される組織です」と、胸を張って語れる段階には至っていない。これほどひどい「アベ党」やその中心人物らと懇ろの関係を続けている限り、信頼を得ることはない。

政権交代でくらしの危機を突破せよ

安倍首相は、憲法問題を参院選の争点としたいようだが、憲法改正は争点にならない。にもかかわらず争点にしたいのは、野党つぶしのため。現政権を裏で支える、カネだけ目当ての広告業界人たちは、分厚く存在する支持なし層が「憲法に無関心」であることを知っている。これが争点になればなるほど、支持なし層は選挙に関心を失い棄権する。投票率が下がれば下がるほど政権与党は有利となる。それはさせじと野党は、「政権交代でくらしの危機突破」をメインに据え、年金、福祉、景気、雇用、消費税などを争点にすべきである。そこに、ＪＡグループが誠実に関わっていくならば、少しは信頼されるんちゃいますか。

「地方の眼力」なめんなよ

（２０１９・07・10）

「食料自給率」と「国民の理解」

「総理秘書官が、すごい力を持っちゃってるんですよ。総理にある政策を説明しようとしたら、秘書官が事前の聞き取りで『こういうのはダメです』と押し返してね。大臣の私が（自分の省に戻って）何を言おうと、官僚も『官邸がこう言ってますから』と引き下がっちゃうんです」と、秘書官の「威」が霞が関全域に及ぶことを毎日新聞（7月8日付、「風知草」）が伝えている。これが本当の、秘所秘書話。

自然の額縁

日本農業新聞（7月8日付）で柴田明夫氏（資源・食糧問題研究所代表）は、世界が「気候大変動に伴う環境の限界」「グローバリズムの限界」「低コスト原油の限界」、という「3つの限界」に直面しているとした上で、我が国においては、さらに「人口減少」「高齢化」「大地震災害の懸念」「国家財政破綻」などが加わり、「どのように楽観的に見ても、……『低成長経済であり低エネルギー消費社会』とならざるを得ない」とする。

そのため、「今後は、いたずらに経営規模を拡大し労働を粗放化するよりも、経営を内向きにして、それぞれの地方の『自然の額縁』の中で、稲作を核に畑作、果樹、畜産などを複合化し、そこに新技術を導入することで地域の農業・農村の再興、ひいては国土保全を目指す逆転の発想が必要」とし、「農林水産業の再興に重点を置いた『内側からの農業改革』」を説いている。

もちろん、官邸農政とは真逆のベクトルである。

JAグループは「食料自給率の向上」を放棄するのか

最近、JAグループの上級管理者研修会で「JAの経営環境」を講義する機会を得、今年3月に開催された第28回JA全国大会決議『創造的自己改革の実践～組合員とともに農業・地域の未来を拓く～』を読んだ。食料自給率の向上にかかる記述が一カ所しか見当たらないこと、そして「食料」という言葉さえ省略されていることには驚いた。

取り上げられているのは、持続可能な農業の実現に向けた基本政策の確立をめざし、水田をはじめとした農地の活用・保全対策を説明したところ（21頁）で、次のように記述されている。

安定的な政策のもとで、その多面的機能を保持しつつ自給率・自給力の維持・向上をはかるために、ＪＡグループは、水田フル活用ビジョンをもとに飼料用米をはじめとした非食用米や麦・大豆等の生産拡大をすすめるとともに、需要に応じた主食用米生産の徹底をはかります。

常識からすれば、「『食』『農』『協同組合』にかかる国民理解の醸成」に継続して取り組むことを宣言した大会決議であるならば、「食と農」に少なからぬ責任を負うはずの農業協同組合が、38％という低自給率に危機意識を覚え、その向上に努力することを宣明すべきところである。にもかかわらず、「食料」という文言すら削り落とし、「食料自給率」という重要な言葉を貶めかねない扱いは、理解に苦しむ許しがたきものである。

２０１８年6月時点の組織協議案には4カ所ほどで取り上げられていた。最終的に、なぜこのようなことになったのか、その疑問を解くヒントを、日本農業新聞が参院選に伴い、主要7党に実施した農政公約アンケートに基づく「食料自給率目標」の分析（7月9日付）が示している。それによれば、自民党は目標水準については「検討中」、公明党は「現行目標の45％維持」、野党全5党は「50％以上」と、それぞれ回答している。

少なくとも自民党からは、食料自給率向上の意欲が伝わってこない。自民党べったりのＪＡグループがその筋から指示されたのか、忖度したのか、いずれにしても歩調を合わせようとしたことは容易に想像される。真相がいかなるものであろうと、ＪＡグループが「食料自給率の向上」よりも、「政権与党との良好な関係」を選択したことだけは確かである。

そしてそれ以上に確かなことは、その程度のＪＡグループを国民は信頼しない、ということである。

誰と、何を、戦うおつもりですか

日本農業新聞（7月5日付）によれば、全国農政連が推薦した、ＪＡグループの組織内候補者の出陣式で、候補者は、「（政府の）規制改革推進会議による農協攻撃には納得できない。（この問題に）断固取り組むために、3期目に挑戦した」と決意を表明したそうである。「3期目の正直」とでも言いたいのだろうが、2期12年間に断固取り組めなかったカカシ議員に、「仏の顔も3期まで」と期待するほどの時間はないはず。

飛田稔章同連会長は、「この決戦を絶対に勝ち抜かないといけない」と強調し、中家徹ＪＡ全中会長は「ＪＡグループの存亡をかけた選挙。過去2回を上回る得票で、ＪＡの力量を内外に（示そう）」と訴えたとのこと。

このお二人、一体、誰と、何を、戦うつもりか。戦う相手を見誤っていることを隠さんがための力みにしか聞こえない。

エールと私怨

中野剛志氏（元京都大学准教授）は、「ＪＡ全農ウイークリー」（２０１９年7月8日号）において、グローバリゼーションや時代の流れへの対応については、受け身ではなく「戦闘的」になるべきで、「ちゃんと戦っていくためには、農協だけでは力が弱いので……理念を共有するところと連携するのが重要」と、提言する。

そして、「いよいよこれからは組合組織というのが大事になります。長いことバッシングを受けたので、もしかしたら自分たちはもういらない組織になるのではないかというふうな思いに囚われる方もおられるかもしれませんけど、時代はもう変わりました。それでも（農業・農協を）たたいている日本が遅れているだけで、早晩この人たちには限界が来ます。時代は大きく変わっていますので、むしろ、逆に重責になると思いますけども、ぜひ胸を張って、後進のために組合の理念とか、そういったものというのを伝え、強化」せよと、エールを送っている。

ＪＡグループが、このエールに応える、意欲、気力、そして知力を失いつつあるとすれば、この重責は担えない。

武田砂鉄氏（ライター）は、笙野頼子氏（作家）との対談で、「私怨のようなものを、常におなかの中に蓄えておかないといけないと思っています。ムカつくものにムカつくと言うことが、権力者の思い通りにさせない態度につながる。忘れないということ。相手が望んでいるのが忘却だったら、まだ覚えているし、まだ言ってるし、まだ動いているぞ、と言い続ける。そこから変化する方法を見いだしていくしかない」（しんぶん赤旗、７月８日付）と、語っている。

だから当コラムも、私怨も込めてこう言い続ける。

「地方の眼力」なめんなよ

（２０１９・07・17）

あなたは戦争への一票を投じますか

「五輪の元締め森喜朗元総理はかつて与党の本音をつい言ってしまった。『選挙に関心がない人は家で寝てくれればいい』と。一方、忌野清志郎は『選挙に行かなくてもいいとか言ってると、君たちの息子が戦争に行ったりするんだ』との言葉を遺している。どうよこの違いは。投票は暮らしに直結するんだぜ」（立川談四楼氏・落語家のツイッター、7月15日）

清志郎の遺した言葉が甦る

トランプ米大統領は6月24日、中東のホルムズ海峡近くで起きた日本などのタンカーに対する攻撃に関して、ツイッターに「日本や中国など多くの国はホルムズ海峡を経由して原油を輸入しているのに、なぜ米国が長い期間、無償で他国のために輸送路を守っているのか」と書き込み、「これら全ての国は、自国の船を自力で守るべきだ」と主張。我が国にも「当事国」として防衛協力を求めたものである。

ロイター通信によれば、米軍制服組トップのダンフォード統合参謀本部議長は7月9日、緊迫するイラン沖のホルムズ海峡などで海上交通路（シーレーン）における民間船舶の航行の安全と自由を守る有志連合を結成するとして、今後2、3週間で参加国を見極める考えを示した。

野上幸太郎官房副長官は10日の記者会見で、有志連合への自衛隊派遣について「コメントは差し控える」と述べるにとどめた。

現政権、二重の意味で真実を語るわけがない。

国益重んじ旗幟《きし》を鮮明にせよ、と訴える産経新聞

産経新聞（7月13日付）の主張は、「日本向けタンカーの護衛を他国に任せきりにして、日本は関わらないという無責任な選択肢はとり得ない」として、「旗幟を鮮明にすることが必要である。安倍晋三首相は国家安全保障会議（NSC）を開き、国益を踏まえ、同盟国米国の提案に賛意を示してもらいたい。参院選の最中だからといって後手に回ってはいけない。海上自衛隊の護衛艦や哨戒機などの派遣が検討対象となろう。各政党もタンカーをどのように守ればいい

のか、具体的見解を示す責任がある」「政府は自衛隊について、安保関連法により『国の存立を全うし、国民を守るための切れ目ない』対応ができるようになったと強調してきた。そうであるなら、同法や自衛隊法などを活用して、有志連合参加を実現してもらいたい」と、積極的派遣を訴える。

冷静な対応を求める地方紙

地方紙の社説には、冷静な対応を求めるものが多い。

北海道新聞（7月12日付）は、まず「憲法9条で海外での武力行使は禁じられ、自衛隊の海外派遣には法的な制約が極めて多いことを忘れてはならない」と、冷静な対応を求めている。そして、「イラン沖の緊迫化は、イランと米英仏独ロ中の6カ国が結んだ核合意から、米国が一方的に離脱してイランへの経済制裁を強めていることに原因がある」とし、「『積極的平和主義』を掲げる安倍晋三首相は、危機回避への仲介に意欲を示してきた。ならば先日訪問したイランだけでなく、米国にも自制を促し、トランプ氏に核合意への復帰を求めるのが仲介役の務め」と、首相の常套句を用いて一本取る。さらに、「米追従の教訓は数知れない。自衛隊を派遣すれば、イランの反発をさらに招く恐れがあろう」と、過ちを繰り返さないように諭している。

京都新聞（7月13日付）も「自衛隊派遣には法的根拠が要る。自衛隊法での海上警備行動や安保関連法に基づく米軍への後方支援なども今回の有志連合に適用するのは無理があり、憲法上の制約を踏み越えることはできない」とするとともに、「そもそも航路の安全確保は国際社会の共通課題である。拙速に有志国だけで対処する危うさは、イラク戦争などからも明らかだ。欧州などと連携し、国連が主体となる緊張緩和の枠組みを目指すのが日本の立場ではないか」と、冷静な対応を求めている。

新潟日報（7月13日付）も、「有志連合が結成されれば、イラン艦船との偶発的な衝突のリスクは高まり、中東地域の一層の緊張激化を招く」ので、欧州などと連携し、「緊張緩和に向けた対話へ導くことこそ、米国とイラン双方と良好な関係にある日本が果たすべき役割」として、米国主導の「有志連合」に対する慎重な対応を日本政府に求めている。

「自衛隊員の命を差し出すか、農業を差し出すか」最後に出てきた選挙の争点

東京新聞（7月13日付）において、纐纈厚氏（明治大学特任教授・政治学）は、「国民の安全安心は、戦力によらない近隣国との独自外交で築くのが、平和憲法の理念」であるにもかかわらず、「安倍政権による集団的自衛権の行使容認と安保法制の成立で、自衛隊の本格海外派兵への道は既に開かれてしまった」と嘆き、「負担増を求める米国の要求を拒むのは、難しいだろう。自衛隊の参加もあり得る」と、悲観的な予測を示している。

だとすれば、有志連合にどう関わるのかは、宗主国アメリカから提起された今選挙の重大な争点である。

もし自公に維新を加えた与党が圧勝すれば、安倍晋三首相のこと、自衛隊派遣を決断する可能性大。

圧勝できなかったときは、我が国の事情を「丁寧」に説明し、最大限の後方支援に加えて、「7月の選挙後まで待つ。大きな数字を期待している」「(牛肉などで) 大きな進展が得られつつある」という、トランプ氏お待ちかねのTPP以上の大幅譲歩による日本農業の「売り渡し」を決断することが容易に想定される。

農業・JA界からの批判に対しては、「自衛隊員の命を差し出すか、農業を差し出すか」と国民に訴え、「農業を差し出すこと、やむなし」という世論を形成するに違いない。

戦争に加担する農業協同組合はいらない

自衛隊員の命はもとより、農業を差し出すことは、将来にわたって国民の命を差し出すことを意味している。トランプや安倍晋三に差し出す命などない。故に、この争点に対して当コラムはいずれもNO!を突きつける。

日本農業新聞（5月31日付）において、杉本貴志氏（関西大学商学部教授）は、「自由競争経済を否定する協同組合の考え方が全体主義勢力に体よく利用され、協同組合の側も自らそれに進んで関わってきたという、弾圧の歴史以上に深刻に反省すべき負の歴史も経験していた。……ただ排撃することだけが強調される昨今、真摯に歴史を見つめ、先人が果たした功績と犯した過ち、それをもたらした時代背景から学ぶことが、協同組合人にも求められている」と記している。

JAグループの政治運動組織である全国農政連の推薦候補者43人、すべて与党。先人の犯した過ちを繰り返すのか。戦争したがる政党はいらない。戦争したがる議員もいらない。もちろん、戦争に加担する農業協同組合もいらない。

「地方の眼力」なめんなよ

（2019・07・24）

民意、見えるか、聞こえるか

参院選から一夜明けた7月22日、安倍晋三首相は記者会見において、憲法改正に関し、「少なくとも議論は行うべきだ、という国民の審判は下った。野党の皆さんにはこの民意を正面から受け止めていただきたい」と語った。今回も沖縄選挙区では自民党は敗北。何回も下されてきた沖縄の「民意」を蹂躙してきたこのヒトに、「民意」の二文字を振りかざす資格なし。

痛快なり、信濃毎日新聞

この会見を受けて、「声を聞き間違えている」と、ズバリ言うのは信濃毎日新聞（7月23日付）の社説。

まず、（1）野党の多くは主要テーマとして取り上げなかった、（2）公明党も「争点として憲法は熟度が浅い」などとして、演説で憲法に言及していない、（3）世論調査において、有権者が投票で重視する項目としては憲法は大幅に少ない、（4）共同通信社の出口調査でも改憲「反対」が半数近くを占め、「賛成」を上回った。（5）自民党の獲得議席数は57議席で、改選過半数を下回っている。非改選を合わせても113議席で、単独過半数を下回った、（6）公明党代表も「議論すべきだと受け取るのは少し強引だ」と述べている、等々の状況証拠を指し示す。

さらに、会見で「（国民投票にかける）案を議論するのは国会議員の責任」と強調したことを取り上げ、「首相の認識にも問題がある」と踏み込む。その根拠として、「憲法では、首相や閣僚、国会議員が憲法を尊重し擁護する義務を負う。改憲の議論を国会に義務づける条文は存在しない」ことをあげ、「首相は自らの信条に基づく改憲を国会に押しつけてはならない」と斬り、返す刀で「改めるべきは、首相や自民党の憲法を軽んじる振る舞いと、強引に議論を進める姿勢だ」とは痛快。

ここに民意あり

甘やかされて育ったのか、「勝つまでジャンケン」が好きな首相に、この22、23両日に実施された共同通信による世論調査（対象者1999人、回答率51・5％）が直近の民意を教えている。

「あなたは、安倍内閣が今後、優先して取り組むべき課題は何だと思いますか。二つまでお答えください」という質問（選択肢は、その他、分からない・無回答を含めた11）において、最も多いのが「年金・医療・介護」（48・5％）、これに「景気や雇用など経済政策」(38・5%)、「子育て・少子化対策」(26・0%)が続いている。「憲法改正」は6・9%の9番目で主要な選択肢の最下位。

さらに「あなたは、安倍首相の下での憲法改正に賛成ですか、反対ですか」については、「賛成」32・2%、「反対」56・0%である。

よって、偏執狂的な「憲法改正」へのこだわりに象徴される、国家の私物化を許すべきではない。

ヤジる者は許しません! でも、ヤジるのは好きなんだよな、ってか?

国会でヤジるのが好きな、みっともない首相は、ヤジられるのが大の苦手。毎日新聞(7月18日付)によれば、15日に安倍首相が札幌市中央区で街頭演説をした際、「安倍辞めろ」と連呼していた男性が、警備していた警察官に取り囲まれ、後方に排除された。また、「増税反対」などと叫んだ女性も、私服警官に囲まれもみ合いとなり、排除された。他所においても、大声でヤジを飛ばす男性が、私服警官数人によって排除された。道警警備部は「トラブルを未然防止するためで対応は適正」と説明し、専門家は「過剰警備と感じる」と語る。

西日本新聞(7月21日付)の「永田健の時代ななめ読み」は、まずこの問題を「街頭で最高権力者の演説に対して批判の声を上げた市民が、何ら暴力的なことはしていないのに、(一時的にしろ)警察の実質的な拘束下に置かれた」と要約し、「これって…国際ニュースを見れば分かるが、共産党一党独裁の中国や、プーチン政権による強権支配のロシアで起きていることだ」として、日本の中国化、ロシア化と看破する。そして、北海道警がここまで神経質になった理由を、「極端なほどの『ヤジ嫌い』で知られる安倍首相への忖度」と、結論づける。

ヤジは「大衆の批評」とする永田氏、「好き勝手なことをしゃべっている偉そうな政治家に『引っ込め!』『ウソつくな!』とヤジるのは、大衆の持つ当然の権利」で、「『表現の自由』の最も原初的な姿」と外連味《けれんみ》なく言い切る。そして、「私は自分の住む日本が、現在の中国やロシアと違って『権力者に対し、自由に声を上げられる国』であることを誇りに思ってきた。私にその誇りを捨てさせないでほしいのだ」と、訴える。

そう言えば、既成メディアが黙殺してきた山本太郎氏（れいわ新選組代表）、街頭演説で「クソ左翼死ね」というヤジを受けた時、躊躇うことも怯むこともなく、「クソ左翼死ねという言葉をいただきました。ありがとうございます」との謝意を表したうえで、「死にたくなる世の中を変えるためにわたしは立候補しているんだ」と返した。当意即妙の演説、アベちゃんの頭じゃムリムリ。

これも農業・ＪＡ関係者の民意ですよね

さてさて、ＪＡグループが全力を挙げて応援してきた組織内候補者。これだけ乳母日傘の支援を受ければ、当選して当たり前、落選する方が難しい。しかし、成績は見事に急降下。初当選時が44・9万票（党内2位）、2期目が33・8万票（党内2位、減票率24・7％）、そして今回が21・8万票（党内7位、減票率35・5％）。謙虚な人や組織なら敗北宣言すべきもの。

日本農業新聞（7月23日付）によれば、全国農政連の飛田稔章会長は、「大変に厳しい状況の中、われわれ組織の農政に対する強い思いを示した」「（得票数が）これまでで最少となったことは厳しく受け止めなければならない」「結果を検証し、その課題の解決に向けて取り組む」との談話を発表。

この談話の最大のポイントは、今回示した「組織の農政に対する強い思い」が意味するところである。敗北宣言すら必要な結果こそが、農業者やＪＡ役職員の民意と受け止めるべきであろう。さもなくば、「声を聞き間違えている」というそしりは免れない。

当選したご本人は、「期待してもらえるような訴えができなかったためで、残念だ」とのこと。24日付の同紙では、減票への感想を問われて、「准組合員の利用規制は……絶対認められない」という訴えが、上手く伝えきれなかったことを一番の理由にあげている。本気でそう思っているなら問題である。本当は、二番目にあげている「農協改革やTPP」において見せた及び腰の姿勢、と分かっているんでしょ。ところが、3期目における力のいれどころを問われて、またもや准組合員規制導入阻止をあげている。

「7月の選挙後、大きな数字が出てくる」のをお待ちの方がいることを忘れたとは言わせない。さっそく始まる日米貿易協定交渉において、強硬な措置をちらつかせて圧力を掛けてくることは必至。我が国の農業が、これ以上大盤振る舞いの貢ぎ物とならないように、これが最後と覚悟を決めて捨て身で戦うべし。

「20万票そこそこじゃ、JAグループもその程度かと言われて、話すら聞いてもらえなかった」との恨み節を聞く耳は無い。

「地方の眼力」なめんなよ

（2019・07・31）

当事者の苦悩に思いを馳せよ

臨時国会が8月1日に召集されるのを前に、初当選した重度の身体障害がある「れいわ新選組」（以下、「れいわ」と略）の2人を本会議場に迎えるため、議席のバリアフリー化工事が行われた。この話題も含めて、各種メディアは山本太郎氏率いる「れいわ」を取り上げている。投票が締め切られるまでは、山本氏や同党を「放送禁止物体」として黙殺していたのに。インターネットを通じて伝えられるその選挙運動は、もっと多くの議席を獲得してもおかしくはない、心が揺さぶられるものであった。

頼りにならない代弁者たちとMMT（現代貨幣理論）に裏付けられた経済政策

毎日新聞（7月30日付夕刊）は、「ざわつく永田町」という見出しで「れいわ」の戦略を分析している。「真夏の夢で終わらなかった」で始まる本文では、「代弁者でなく当事者を国政の場に」というモットーを徹底した点を、同党が支持を得た要因の一つにあげている。まさに同感。代弁者である国会議員のレベル低下、想像力の欠如、さらには、安倍組の利害関係者の代弁者に成り下がった自己保身等々への挑戦でもある。己《おのれ》の落選覚悟で当事者を国政に送り出した山本氏の功績は大きい。有権者としての当事者意識を喚起させられた人々も少なくないはず。「自民党なら現状維持できるなんてとんでもない。人々の暮しはどんどん貧しくなっている。それを考えると自民党政治にピリオドを打たなきゃしょうがない」「無党派層をつかみ、与党側の票を削りたい」「人々の生活を底上げする経済政策を掲げて、私たちと共に政権交代を目指すなら全力を尽くしたい」、といったインタビューへの回答に共闘の二文字が鮮明となる。

西日本新聞（7月30日付）において、施光恒《せてるひさ》氏（九州大学大学院准教授）は盛り上がりに欠けた中で、目立ったのが「れいわ」の躍進とする。その原動力の一つとして、最近注目を集めているMMT（現代貨幣理論）を理論的裏付けとした経済政策の提起をあげている。「日米など独自通貨を発行する国は、政府債務が増加しても破綻することはない。不況期には債務残高を心配せず積極的に財政拡大政策をとるべき」とするMMT理論をふまえて、「消費税廃止」や「コンクリートも人も～本当の国土強靱化、ニューディールを」という財政拡大政策を掲げたことを評価する。外交、安全保障、皇室の位置付けなどに不安定感が見られることを指摘しつつも、「次回の衆院選でさらなる旋風を巻き起こす可能性が高い」としている。

「既存の政治では人々の閉塞感は払拭できない」とする最後の一文を、既成政党とその議員たちは重く受け止めるべきだ。

「れいわ」の農政と発火点

日本農業新聞（7月29日付）も「どう見る れいわ農政」というタイトルで取り上げている。

同党の参院選での政策について、「食料安全保障を『最重要事項』とし、食料自給率目標は『100％』に据える。その実現に向け、農業だけでなく全ての第1次産業就業者への戸別所得補償を主張する」と紹介し、「夢のような政策」と位置付ける。さらに、TPP、種子法廃止法、漁業法、国家戦略特区法など、安倍政権下で成立した法律や国会承認された条約の「一括見直し・廃止」を主張していることも紹介する。

記事の最後には、「比例区の安倍政権批判票が相当、れいわに流れた。国会でも存在感を発揮していくかもしれない」といった、危機感を強める野党幹部の声を添え、「新たな勢力として農政論戦に一石を投じるか」としている。

自民党一つ覚えの全国農政連に忖度してか、「夢のような政策」と揶揄しつつも、その実、農業政策や地方問題への大胆な切り込みいかんでは、農業・JA関係者への影響力大とみている、と嗅覚が働くが如何か。

農業・JA関係者への影響力が小さくはないことを、毎日新聞（7月28日付）の「れいわ 地方に広がるか 不安感に直球主張」という記事が示唆している。

「原発維持、TPPの締結といった自民党の政策は『農家にとって死活問題』と反対の立場。『僕らの目線に近く、食の安全や生活保障を第一に掲げる点にも共感する。不安感が覆っているからこそストレートなメッセージが響く』」とは、同党の地方遊説に聞き入った農家（35）の感想。

中島岳志氏（東京工業大学教授・日本政治思想）は、「れいわと地方の親和性は高いのか」という質問に答えて、「潜在的には、地方の農協、青年会議所にいるような人に訴える力を持っていると思う。彼らは地元の人間関係があるから自民に投票しているが、発火点があれば案外もろいと思う」と、興味深いコメントを寄せている。

JAグループの組織内候補者の得票数を見れば、積極的であろうが消極的であろうが発火点を求める民意が堆積しつつあることは間違いない。「れいわ」が、その民意にどう刺さり込むことができるかが、これからの農政の行方を左右する。

豚コレラをどうする！

ところで、日本農業新聞（7月30日付）は、2018年9月に発生し、まもなく11カ月になる豚コレラ問題に多くの紙面を割き、その窮状を訴えている。

1面のリード文は、「豚コレラの発生拡大が止まらない。養豚場での発生は岐阜、愛知に続き24日に三重県にも拡大。27日岐阜県恵那市で33例目が確認された。陽性の野生イノシシは、福井県、長野県へと範囲が広がる。日本の養豚産業を守るために、何をすべきか」と、問いかける。

殺処分を経験した農家4人と識者2人による座談会には、胸が締め付けられた。4人の殺処分頭数を見ると、最も多い人が1・1万頭、最も少ない人が2500頭、計2・37万頭である。

「経営再開への展望」を問われて、橋枝雄太氏（36）は「従業員10人の生活もあるし、何とか再開したいが、周辺には陽性のイノシシがうようよしている。……防疫対策というか、対応に追われていたという感覚だ」と答える。鋤柄雄一氏（49）は、「今月18日に8頭を入れて、最初に経営を再開した。……最初に再感染の恐れもある。そうなれば、家族には養豚をやめると話している」と、苦しい胸中を明かす。阿部浩明氏（52）は、「生まれた時から豚と一緒に遊び、豚の居ない生活は考えられない。半年間、収入もない。早く再開したいとは思っている」と、生活の一部であることを訴える。

同紙の31日付は、政府・自民党が、豚コレラ発生県の増加を受け、飼養豚へのワクチン接種の是非について、本格的な検討に入る方針を固めたことを伝えている。皮肉なことに、その横には、福井県越前市で初発生が確認され、殺処分がなされたことを伝える記事が掲載されている。
ほぼ1年間、養豚農家をはじめとする現場関係者の死に物狂いの苦闘は筆舌に尽くしがたいもの。現場任せの政治が生み出したこの情況を政治の不作為として断罪するには、早すぎるのだろうか。政党も政治家も、当事者の苦悩に思いを馳せよ。
「地方の眼力」なめんなよ
（2019・08・07）

笑いたいけど笑えない

女子ゴルフのAIG全英女子オープンで、岡山市出身の渋野日奈子選手が優勝した。「その天真らんまんで笑顔を絶やさない様子は、ギャラリーや海外メディアの心をとらえた。気軽にハイタッチに応じ、ラウンド中にも駄菓子をかじって物おじしない。思わず応援したくなるゴルファーとも言える」とは、山陽新聞（8月6日付）の社説。

笑いたいのは山々ですが

「官邸主導の農業の構造改革路線を軌道修正できるか。参院選後の焦点はそこにある」で始まる日本農業新聞（8月3日付）の論説は、「家族農業、中山間地農業など多様で多面的な農業を守り、地域振興を図ります」と明記した自民党の選挙公約を、「従来より中道寄りに歩み出してきたように見える」とする。そして、「家族農業を守ることは、農業・農村の実情を踏まえると極めて現実的な対応というべきだ」とした上で、「農地利用の8割を担い手に集積するという現行の政府目標は現実離れしており、担い手が受け止めきれずに行き場の見つからない荒廃農地を増やす心配すらある」と指摘する。締めでは「政権与党である自民党は公約で家族農業を守るとした。これを基本計画に反映させることが、農家との約束を果たす第一歩となる」と、公約の遵守を訴える。

この願いが伝わったわけではないだろうが、5日に開かれた自民党の農林合同会議において、出席議員から参院選で訴えてきた家族経営や中山間地農業の支援策の具体化を求める意見が相次いだことを、6日付の同紙が伝えている。

毎日新聞（8月3日付）で柴田明夫氏（資源・食糧問題研究所代表）は、政府の農協改革が農業・農村の発展をうたいつつも、担い手、すなわち認定農業者を中核とする全農業経営体の2割弱を占めるに過ぎない存在を重視する姿勢に対して、「農業の成長産業化に向けた改革を急ぐ安倍晋三政権による、中小農家の切り捨て策」とする。

「日本の農家は生産と生活が一体化し、兼業が多く、地域住民と一体となって生活してきた」として、6月6日に開かれた規制改革推進会議において、金丸恭文議長代理が「地方創生のためには、農林水産業の成長産業化が不可欠であるとの信念のもと、不退転の覚悟で改革に取り組みます」と発言したことに対して、「この『信念』が日本農業の将来を誤ることにならないか心配だ」と、穏やかに急所を突く。

全国農政連からご推薦をいただいた議員たちは、その重みをしっかり自覚して、役人に向かって偉そうに言うだけではなく、官邸農政と規制虫どもの駆除に尽力すべきである。裏切れば、次はない。

問題山積の農業政策。心配の種、三連発

日本農業新聞（8月4日付）は、閣僚による2日間の貿易協定交渉を終え、茂木敏充経済再生担当相が、米国側が工業製品の譲歩に前向きな姿勢を示したことで、「頂上は見えている」と交渉が進展したとの認識を表明したことを1面で伝えている。

「ただ、工業製品のどの品目でどれだけ譲歩するかなど、具体的な内容は明らかではない。農産品の交渉状況も不透明で、農家ら国民に十分な説明が求められる」と解説したうえで、茂木氏の言葉を引き、「頂上に近付くほど足場は崩れやすく視界がぼやける危険性もはらむ。見えた頂上に惑わされず、今一度足場を固めて臨めるか。日本政府の交渉力が問われる」と、釘を刺す。

加えて同紙の2面では、外国投資家が韓国政府を相手に、国際投資紛争解決センター（ＩＣＳＩＤ）に提訴するケースが増えているため、米国との自由貿易協定（ＦＴＡ）などに盛り込んだ投資家・国家訴訟（ＩＳＤ）条項の廃止機運が再燃していることを伝えている。２０１２年以降7年で9件の事例が発生し、訴求額は約８７００億円、韓国政府がつぎ込んだ弁護士費用などは約43億円。米韓ＦＴＡを推進する同政府が、「ＩＳＤはわれわれに必要な制度だ」として、２０１１年に発行した冊子に「企業が無差別に相手国政府を提訴する可能性はほとんどない」と記していたにもかかわらずである。

事態を重く見た李洛淵国務総理が、「ＩＳＤは、訴訟費用が過大にかかり、結果の予測可能性が非常に低い問題がある。（多国籍企業など）強者の横暴につながる可能性があり、廃止すべきだとの意見には同意する」と、閣僚として初めてＩＳＤ廃止に言及するまでに至っている。まさに、他山の石。

さらに8月1日付の日本農業新聞は、日欧ＥＰＡが発効して半年が経過し、ＴＰＰを超える市場開放を受け入れたチーズやワインなどの輸入量が前年に比べ2、3割増えたことを1面で取り上げている。

例えば、食品スーパーの「成城石井」は、全国173店舗でEU産食品などの価格を引き下げた販促イベントを行った。「手軽にヨーロッパの食文化を楽しんでもらいたい」（広報担当者）とのこと。大手スーパーのイオンは、2月、EU産ワイン330種を一斉値下げ。直近の売上高は平均で前年を2割上回る。今秋以降、EU産の品ぞろえを強化する方針。関東の中堅スーパーでは、スペイン産豚肉「イベリコ豚」の扱いを拡大する。ロースは国産より2割高いが6月より売り込みを強化。売上高は前年を2割上回る。

財務省の貿易統計から、2～6月のEU産チーズの輸入量が前年同期を20％上回ったことや、関税を即時撤廃したワインの輸入量が急増したことも紹介している。

東山寛氏（北海道大学農学部准教授）が寄せたコメントは、「日欧EPA発効後の輸入増は、恒常的な輸入増加に結び付いている。国内のマーケットが輸入品に奪われる恐れあり。国産品は差別化されると説明していた政府の影響試算では、想定していなかった事態が起きており、既にEPA発効の影響あり。政府には継続的に影響を見極める義務がある。TPP発効や日米貿易協定交渉など、国内の生産者に不安要素が多く、品目ごとの丁寧な影響分析と、国産品の競争力を高めるための支援策を講じるべき」と、要約される。

笑わせてくれるよ安倍首相

駄目を押すように、8月7日付の各紙は、2018年度のカロリーベースの食料自給率が前年度より1ポイント低下の37％だったことを伝えている。天候不順で小麦や大豆の国内生産量が大きく減少したためで、コメの記録的な凶作に見舞われた1993年度と並ぶ過去最低の水準。政府は2025年度に45％にする目標を掲げているが、もちろん達成は遠のいた。というよりも、そもそも自給率の向上は頭にないわけですから、達成などできるわけがない。

これもまた各紙が伝えているが、安倍晋三首相は6日、輸出規制強化などで悪化する日韓関係について、「（元徴用工問題で）日韓請求権協定に違反する行為を韓国が一方的に行い、国際条約を破っている。国と国との関係の根本に関わる約束をきちんと守ってほしい」と述べ、協定の順守を要求。さらに、「最大の問題は国家間の約束を守るかという信頼の問題だ」と述べたそうだ。

議論の場から逃げ回り、「丁寧な説明」という約束も果たさない、国民から最も信頼されていない首相が、「国家間の信頼」を語るとは笑止千万。へそで茶を沸かすとはこのこと。本当に笑わせてくれるよこの人は。

「地方の眼力」なめんなよ

（2019・08・21）

モラルハザード国家の醜態

『中村氏駐英公使に』公文書改ざんはしないで――英国」と投稿したのは福岡のアゴダシさん（日本農業新聞・8月17日付の「てれぱしい」）。中村氏とは、中村稔氏のこと。と言っても、ジャイアンツの元投手でもなければ、詩人でもない。あの森友問題が表面化した2017年当時、財務省理財局総務課長を務め、上司であった佐川宣寿理財局長の下で行われた、改ざんの実行犯のトップ。財務省自らが、改ざんの中核的存在であったことを認定し、停職1ヵ月などの処分を科された札付き役人。それが公使にご栄転とは、あり得ない。

尊い命を奪っている

この問題で、「決裁文書改ざんを強要された」とのメモを残して2018年3月に自殺した近畿財務局の男性職員（当時54歳）について、同局が「公務災害」と認定していたことを多くの新聞（8月8日付）が報じている。財務省理財局の指示により、近畿財務局は決裁文書から安倍昭恵首相夫人に関する記述や政治家秘書らの働き掛けを示す部分を削除。道義に反する行為を強要された彼は、毎月100時間に及ぶ残業実態を親族に漏らし、改ざんが発覚した直後に自宅で自ら命を絶った。

東京新聞（8月8日付）によれば、自殺した男性職員の父親（84）は「少しは報われたと思う」と述べる一方で「既に終わったことで、息子はもう帰ってこない。遺族にとっては何も変わらない」と複雑な胸中を吐露。認定に関する財務省側からの説明はなく、取材を受けたことで初めて知ったそうだ。「幹部の人からの謝罪も何もない。冷たいものだな」と語っている。

政権の飼い犬「大阪地検特捜部」

ところが、である。この決裁文書改ざんで、有印公文書変造・同行使容疑などで大阪第一検察審査会の「不起訴不当」議決を受けた佐川ら当時の財務省理財局幹部ら6人について、大阪地検特捜部は9日再び不起訴とした。加えて、8億円余り値引きしたうえでの売却問題を巡り、背任容疑で不起訴不当と議決された財務省近畿財務局の元統括国有財産管理官ら4人も再び不起訴。

今年3月の大阪第一検審議決は改ざんを「言語道断」と批判し、背任容疑に関しては法廷で事実関係を明らかにすべきだとまで求めたが、大阪地検特捜部長の説明は「起訴するに足りる証拠を収集することができなかった」とのこと

（8月10日付各紙）。

巨悪の不正を暴く、時には怖く、時には頼りになるイメージを抱かせる地検特捜部も、所詮は「強きを助け、弱きを挫く」だけの、勇気も気概も持ち合わせない、政権の飼い犬であった。

出番ですよ、佐川さん

「公文書改ざんなどの違法行為が明るみに出たのに、誰一人として罪に問われない。検察が威信を懸け、追求する法の正義は一体どこに行ったのだろう」と嘆き、「真相解明の『最後のとりで』という検察への期待は見事に裏切られた」とするのは、中国新聞（8月11日付）の社説。

前述した不起訴理由に対しては、「問われているのは行政の公平性である。黒白をつけぬまま、済ませる問題ではなかろう。特捜部は関係者の聴取を積み重ね、膨大な数の調書を抱えているとされる。公判に持ち込んで全てを明らかにし、裁判所の判断を仰ぐ。そんな選択肢もあったはずである。それこそが国民の期待に応える道だったのではないか」と、鋭く迫る。さらに、「財務省の決裁文書からは、安倍晋三首相の妻昭恵氏や政治家の名前が削除されていた。改ざんの事実は、物的証拠も含めて明白である」と、核心を突き、「公文書は『健全な民主主義の根幹を支える国民共有の知的資源』と法律に明記している」ことを取り上げ、「このまま、森友問題を闇に葬るわけにはいかない。きちんと疑惑をたださぬ限り、政治不信は一層強まるだろう」とする。

そして、「財務省側の中心人物だった佐川氏は昨年3月、国会の証人喚問で『刑事訴追の恐れがある』として証言を拒んだ。不起訴となった今なら、訴追の恐れはない。再喚問も含め、国会の場で改めて追及すべきだ」と、畳みかける。

「出てこい佐川」コールは、多くの他紙社説も訴えている。

お元気ですか、昭恵さん

神戸新聞（8月11日付）の社説も、「官僚が公文書を改ざんし、廃棄した事実は重い。行政の公正性が揺らぎ、国民の信頼を裏切る不祥事だ。だからこそ検審は法廷での真相解明を求めた。その判断を退け、官僚の不正に目をつぶった検察の結論は、多くの国民を失望させるものだ」と、手厳しい。さらに、改ざんが「安倍晋三首相が国会で『私や妻が関わっていれば、総理も国会議員も辞める』と強弁した直後に始まっていた。これらの因果関係は曖昧にされている」と、頂門の一針。

「一方で、決裁文書の改ざんを強要されたとのメモを残して昨年3月に自殺した近畿財務局職員について、同財務局は労災に当たる『公務災害』と認定した。官僚のモラルを逸脱した改ざん行為が、過重な負担となっていたと認めたことになる。改ざんを指示したとされる佐川氏らが刑事責任を問われないのは、なおさら理不尽に映る」と、世間の常識をあえて力説する。

さらに高知新聞（8月16日付）の社説は、佐川氏だけではなく「昭恵夫人についても同様である」と、忖度なし。職員の自殺という「これほど悲惨な労災がなぜ起きたのか。その究明も求められよう」とし、「本舞台は国会であること」を強調する。

「昭恵氏の喚問も、しない理由がない」と、端的に表現しているのは信濃毎日新聞（8月12日付）の社説。

本当に切ないね

毎日新聞（8月19日付）の企画「終わらない氷河期」は、短大卒業後に勤めた職場でのパワハラや雇い止めなどによって、転職を繰り返し、うつ病の発症から、農業で再起を図る長野県在住の女性（48）を紹介している。

長野県松本市の農家でブドウ栽培を手伝う彼女は、「ひと相手の仕事より、自然のほうがすがすがしくて」と語るが、うつ病を抱え、通院が欠かせないとのこと。人と接する仕事はしたくなくなり、農家でのアルバイトの合間に、借りた菜園で野菜を作り、心身の傷を癒やす。

「企業も社会も同じ。目先の利益に動かされず、人を育てて大切にすれば、巡り巡って企業にも社会にとっても果実になる。コストも手間ひまもかけずに作った野菜は、おいしくはならないんです」との訴えが、なぜか切ない。

悲劇の「公務災害」認定を伝える記事のそばにある、小泉進次郎氏の結婚を伝える記事が切なさを増幅させる。氏はインタビューに答えて自らを「政治バカ」と称したようだが、正しくは「バカ政治家」。ご祝儀人事で、農水大臣の予想も出ているようだが、大臣の椅子も農林水産業も軽く見られたものだ。モラルハザード国家、ここに極まれり。

「地方の眼力」なめんなよ

（2019・08・28）

売られゆく我が国の胃袋

「1年かけて向き合う〝農〟の原点」というタイトルで、筑波大学附属駒場高等学校（東京都世田谷区）における「水田学習」を取り上げているのは、「Ｗｅｄｇｅ」（2019年9月号）。東京農業教育専門学校附属中学校として1947年に創立されて以来、年間通じて実施されている。「日本人、人類の根幹を支える取り組みを実際に肌身で覚えさせる、農学校の系譜をひく同校ならではの教育」とのこと。収穫された米は、翌春、赤飯として卒業生、新入生に振る舞われる。卒業生らは「入学時の米の味が忘れられない」と感慨にふけるそうだ。

過去最低の食料自給率

8月6日農水省は、2018年度のカロリーベースの食料自給率が37％と前年から1ポイント下がったことを明らかにした。小数点以下まで見ると37・33％で、冷夏による不作に見舞われ、「平成の米騒動」があった1993年の37・37％を下回った。記録があった1960年度以来、最低とのこと。

中国新聞（8月18日付）の社説は、「この10年、自給率は下がり続けており、危機的と言わざるを得ない。今後も上昇は困難だ。というのも農業の担い手不足や高齢化が止まらない上、環太平洋連携協定（TPP）などの発効で安い農産物輸入が増えるからだ」と、危機感を募らせる。

必要な食料を自国内で賄う「食料安全保障」が破綻状態にあることを宣告し、「農林水産物の増産や担い手づくりにつながる、持続可能な『農』への抜本的対策を政府は打ち出すべきだ」とする。そして、米国との貿易交渉の結果次第では、農産物輸入が増えることから、「これ以上、国内農業を犠牲にすることは許されない」とし、消費者に対しても「農林水産業への理解を深め、『食』という恵みを生み出す農山漁村の担い手を支援すべき」とする。

京都新聞（8月16日付）の社説は、「平成の米騒動」に触れ、「タイ米を緊急輸入したためコメの国際相場が急騰。タイ米に依存していた東南アジアの庶民の暮らしにも打撃を与えたことを忘れてはなるまい」と、他国民への配慮を促す。そして中国新聞同様、日本の農業の基礎体力が弱っていることを指摘し、「世界人口の増加や異常気象の頻発で、食料輸入がこれからも同じように続けられるとは限らない。不測の事態に備えた自衛策として自給率向上は避けて通れない」とする。

さらには、「日本は大量の食料を輸入に頼る一方、食品廃棄量は年間約640万トンに上る。本来食べられるのに捨てられる廃棄食品は無視できない数字である。まずは食品ロスを減らさねばなるまい」と、食生活のあり方にも言及する。

日本農業新聞（8月8日付）の論説も、TPPやEUとの経済連携協定（EPA）発効などで、「牛肉や乳製品の輸入が増加する中、国産の生産が増えない限り、自給率の低下を招くことになる」として、生産基盤の強化の必要性を指摘する。しかし現実には、「厳しい予算編成が続く中、農水省は大切な農村政策や野生鳥獣害対策、食育関連などの予算を十分に確保してこなかった」として、食料・農業・農村を守るべき中央官庁である農水省の姿勢を質している。

ウィンウィンだって？　勝ったのは誰だ？

8月25日に安倍晋三首相とトランプ米大統領が日米貿易協定の大枠に合意し、9月の署名をめざすことで一致したことから、食料自給率のさらなる低下が確実となった。多くのメディアが伝えているように、米国は、今回の農産物の市場開放で約7400億円の効果を期待している。現在、米国からの輸入額が約1兆5000億円であることから、一気に5割増し。共同記者会見で、安倍氏が「ウィンウィンな形で進んでいる。協定が発効すれば、日米双方に大きな好影響をもたらすだろう」と表明すれば、トランプ氏は「原則合意に達した。非常に大きな取引。農家にとってとてつもない合意だ」と農業分野での成果を強調する。

アメリカの農家にとって「とてつもない」合意は、日本の農家にとって「とんでもない」合意である。

政府の姿勢を追及する地方紙

信濃毎日新聞（8月27日付）は1面で、長野県内の農家や畜産関係者からの、議論が拙速との批判や、輸入拡大を懸念して政府に対策を求める声を紹介している。

長野県農業経営者協会長は、「輸入拡大で農家に影響が出るのは必至」とし、米国からの外圧で日本の生産基盤が壊されることがないよう、国内各地の実情に合わせた対策を政府に求めている。

ＪＡみなみ信州（本所飯田市）の肉牛部会長は、「経営を維持できなくなる農家が増えないだろうか」と不安を隠せず、「より良い品質のものを高く売っていかなければ生き残れない」と危機感をあらわにする。

さらに「大変なダメージになる。脅威を感じる」とはＪＡ松本ハイランド（本所松本市）の組合長。同ＪＡの畜産関連販売高は年間約30億円にも上る。家畜の糞が堆肥として地元の野菜農家に供給されていることから、「畜産農家がなくなれば、影響は野菜農家にも広がる」と、負の連鎖も指摘する。

北海道新聞（8月27日付）の社説は、「農業を犠牲にした一方的な譲歩は認められない。しかも自動車関税の撤廃に米国は離脱前のＴＰＰで合意している。そちらは見送りというのでは話にならない」とする。さらに、「ＴＰＰには依然として米国の参加を前提としたルールが残り、生産者に不利に働きかねない」ので、牛肉の輸入が一定量を超えた場合に関税を引き上げる緊急輸入制限措置（セーフガード）の発動基準数量については、「米国向けに新たにセーフガードを設けるとしても、ＴＰＰの基準数量から米国分を差し引かなければ、実効性は乏しい」と、ズバリの指摘。

国内農業への影響額については、ＴＰＰ、日欧ＥＰＡ、そして今回の日米貿易協定の発効というトリプルパンチの影響を網羅的に精査し、分かりやすい形で国民に示すことを要求し、「それもせずに署名を目指すことは許されない」と斬り捨てる。

残念ながら北海道新聞が指摘した緊急輸入制限装置（セーフガード）の発動基準数量については、悲観的にならざるを得ない記事が、日本農業新聞（8月27日付）で紹介されている。来日中のマッケンジー豪農相は、同措置の見直しについて問われ、「われわれの側から再協議を求めることはない」と見直しに消極的な姿勢を示すばかりか、「日本市場での他国との競争が激化している。オーストラリア産牛肉は安全で競争相手に勝てる絶大な自信がある」と強調し、対日輸出を重視する姿勢を示している。

ツマジロクサヨトウまで駆り出す茶番

ついに、米中対立のあおりで行き場のない約270万トンのトウモロコシが、「ツマジロクサヨトウ」という害虫まで駆り出す、取って付けた理由で緊急輸入される茶番。我が国の国民と家畜の胃袋をアメリカに売り渡し続ける安倍首相を許さない。

「地方の眼力」なめんなよ

だれがサイレントマジョリティやねん

（2019・09・04）

検事：執行猶予が付けば大した罪じゃないじゃないですか。

村木：えぇ、それって黒でしょ。執行猶予が付いても黒は黒でしょ。それが大したことないってどういう意味！　検事さんたちの常識は狂っている。私は公務員として、信用を大事にして今まで仕事をしてきたんです。認めるってどういうことですか！

検事：ちょっと休憩にしましょう。

（しばし休憩の後）

検事：村木さんは僕たちの常識が狂っていると言いましたが、確かにそうだったかもしれません。

村木：職業病ですよね……

（村木厚子元厚労省事務次官が語る検事とのやりとり概要。TBS『サワコの朝』8月31日放送より）

村木氏は虚偽公文書作成容疑など身に覚えのない容疑で逮捕され164日間に及ぶ拘置所生活ののち、2010年9月10日に無罪判決を勝ち取った。

役人も検事も忖度競争で劣化の一途をたどる今となっては、これとても昔話か。

やじを飛ばせば、もれなくデカが飛んでくる

東京新聞（8月28日付）によれば、埼玉県知事選の応援演説をしていた柴山昌彦文部科学相に対し、大学入学共通テストに反対するやじを飛ばした男性が県警に取り押さえられた。柴山氏は27日の閣議後会見で「大声で怒鳴る声が響いてきた。選挙活動の円滑、自由は非常に重要。そういうことをするのは権利として保障されていない」と述べた。

8月24日夜、JR大宮駅近くで、柴山氏が街宣車から演説を始めた際、男性は「柴山やめろ」「民間試験撤廃」と叫んだ。その後、県警関係者とみられる数人に囲まれ、抵抗したが、遠ざけられたそうだ。

取材に応じた目撃者によれば「声はそこまで大きくはない」とのこと。埼玉県警幹部は、県警がその場にいた男性を取り押さえたことを認め、「男性は街宣車のすぐ近くに近づいている。警護対象に危害を加える可能性がある場合、取り押さえるのはやむを得ない」とした。

警察やりすぎ、政権やらせすぎ

東京新聞（8月30日付）は社説で、柴山氏が、「『表現の自由』を理解していないのではないか」としたうえで、「選挙の街頭演説を、私たち聴衆はひと言も発せず、黙って聞け、ということなのか」「駅前という開かれた場での選挙活動である。そこに集まった人たちには政権の支持者もそうでない人たちもいて当然だ。そうした場でも、政策への賛否を言い表すことは許されないのか」と問う。

その上で、「埼玉の事例は、やじで演説が続行できなくなるような悪質な行為に当たるとはとても思えない。もし選挙妨害に当たらない段階で、公権力がやじを強制排除したのなら、明らかに行き過ぎだ」として、政治家なら「警察の公権力行使が表現の自由を侵しかねないことへの懸念」こそ、語るべきだとする。

「憲法で保障された『表現の自由』の下で、やじを飛ばした市民を強制排除する法的根拠を警察はまだ説明していない。安倍政権の下で、公権力による異論の封殺が常態化しつつあるとすれば危険である」とするのは、高知新聞（8月30日付）の社説。

公職選挙法が演説妨害を「選挙の自由妨害罪」と位置付けてはいるが、「1948年の最高裁判決は『聴き取ることを不可能または困難ならしめるような』行為としている」ことを紹介し、この事案が「これに該当するとは思えない」とし、埼玉県警に「市民の自由を奪った法的根拠の説明」を求めている。

さらに、「警察法は、警察が責務を遂行するに当たって『不偏不党』『公平中正』を旨とし、憲法が保障する個人の権利、自由に対する権限の乱用があってはならないとしている」ことから、政権に対する忖度の可能性を示唆している。

そして、「政治家の街頭演説は、支持者だけでなく、幅広い聴衆に訴えかける機会のはずだ。公権力の過剰な対応が続き、人々が萎縮して自由にものが言えなくなっては戦後民主主義に逆行する。こうした事案が続いていることを警察は組織全体で検証し、説明する姿勢を持つべきである」と、警察の姿勢に言及する。

朝日新聞（8月29日付）の社説も、「ヤジを飛ばした市民の排除を是認するかのような閣僚の発言は、警察の行き過ぎた実力行使を助長しかねない。到底見過ごすわけにはいかない」とする。

「ヤジも意思表示のひとつの方法であり、これが力ずくで排除されるようになれば、市民は街頭で自由に声を上げることができなくなる。その危うさに、柴山氏は思いが至らないのだろうか」と、彼の想像力に疑問を呈する。

さらに、「大学生が抗議した入試改革は、実施が目前に迫るなか、英語の民間試験導入の全体像が固まらないなど、受験生や保護者らの間に不安が広がっている」ことに端を発した行動であることから、「教育行政の責任者としてまずなすべきは、批判に謙虚に耳を傾け、政策に生かすことではないのか」と、大臣としてのイロハを教示する。

「夏休み」は終わってますけど

西日本新聞（9月4日付）の社説は、「いつまで『夏休み』ですか」という見出しで、「国民を代表して法律をつくり、行政府を監視し、国政全般の議論をする国会」が、10月初めまで休む予定であることを皮肉っている。

悪化する日韓関係、米国が求める有志連合への対応、日米貿易交渉、年金財政検証、かんぽ生命保険問題、そして上野宏史、丸山穂高、両議員に象徴される国会議員の資質問題。まさに国内外にわたる問題は山積していることから、「臨時国会を早期に招集できない事情があるのなら、閉会中審査でもいい。問われているのは、激動する国内外の情勢を見誤ることなく、国民本位の視点で臨機応変に議論する国会の基本的な姿勢である」と、厳しく迫っている。

よくよく考えれば、国民を代表する議員たちとの論戦からは逃げたいし、行政府の長としては監視されたくない。自分のお友達の問題には関心があるが、国民全般の問題には無関心。やじるのは好きだが、やじにはめっぽう弱い「ノミのシンゾウ」。そんな安倍首相に、国会の基本的姿勢が理解できるわけがない。

8月16日、前出の柴山氏はTwitterに寄せられた「大学共通テスト反対」の声に、「サイレントマジョリティは賛成です」と投稿。聴く気もなく、己の穢れた手で耳を塞いでいる者に、「声をあげない大多数の人々は賛成です」とは言わせない。

北海道の成田強さんが、「ヤジでない止むにやまれぬ民の声必死の直訴を警官排除す」（しんぶん赤旗日曜版、9月1日号）と、短歌を通じて民の声を発するように、当コラムも発言し続ける。

「地方の眼力」なめんなよ

（2019・09・11）

紳士協定の重さ

西日本新聞（8月29日付）によれば、長崎県に大雨特別警報が発表されていた8月28日午前、中村法道長崎県知事は、長崎港の整備を求める陳情で国土交通省へ。同特別警報は午前5時50分に出され、午後2時55分に解除。「副知事2人は地元におり、突発事態にも対応できた」とは県の弁明。「既に災害が起きている状況を示すのが特別警報。県の危機管理のトップが不在にしていいのか。急ぎでない陳情は延期すべきだった」と指摘するのは、災害リスク学を専門とする広瀬弘忠東京女子大学名誉教授。

一国依存リスクが顕在化する対馬

「長崎・対馬の観光地が閑散としている」で始まる日本経済新聞（9月6日付、九州経済面）によれば、韓国・釜山から約50㎞と近く、今春まで韓国人観光客でにぎわっていた飲食店や観光名所から人が消えた。地元観光産業は大きな打撃を受け、韓国に依存した集客策から、国内客や東南アジア客の取り込みへ転換を急いでいる。「韓国人団体客は8月に入ってほぼゼロ。コストを抑制するため、照明は落としている」と語るのは、対馬市厳原町にあるホテルの専務。同紙によれば、2018年に同市を訪れた韓国人は41万人で、市の人口の10倍以上だった。19年の上半期は前年同期比1割増の22万人であったが、7月の政府による対韓輸出規制の発動などが転機となり、韓国人観光客は急減。「日韓関係が好転しない限り、より厳しくなる」（対馬振興局）との見方が多い。

一国依存体制から脱却するために、県は国内旅行会社に新たな旅行商品の企画を働きかけているとのこと。また、対馬観光物産協会会長も「一国依存のリスクが顕在化し、国内や中国、台湾、東南アジアから誘客する機会ととらえたい」と語っている。

ＩＲ（カジノを含む統合型リゾート施設）誘致にもご執心

スナップをきかせて記者会見用資料を見事に放り投げた、林文子横浜市長の手のひら返し参戦で、ＩＲ誘致の動きが活発化している。長崎県も佐世保市の大型リゾート施設ハウステンボスへの誘致を掲げている。

西日本新聞（9月2日付）によれば、長崎県知事は、8月下旬の定例会見で横浜参戦に関して「全国各地で動きがある中で、厳しい競争に勝ち残っていかなければならない。しっかりとした魅力のあるＩR計画を組み立てていくことが最重要課題だ」と応じている。ちなみに、横浜市と大阪市が本命視される中で、長崎県は「地方枠」を狙っているそうだ。

「ギャンブル依存症対策」などクリアすべき課題は多いが、全国平均の4倍のペースで人口減が進むことなどから、2014年3月に県議会で正式に誘致を表明し、17年10月にはIR推進室を新設したとのこと。

国際的賭場という不健全な大規模迷惑施設がもたらす貨幣換算できない外部不経済（公害）についてよりも、賭場の開帳による経済波及効果が年間約2600億円に及ぶとの皮算用を重視していること間違いなし。

記事では、九州新幹線西九州（長崎）ルート、いわゆる「長崎新幹線」の先行きが見通せないことや、道路網の整備の遅れを指摘している。ちなみに、県の資料にも「輸送力不足」「容量不足」との文言が並ぶとのこと。

「長崎新幹線」の迷走

その長崎新幹線で佐賀県内を通る未着工区間（新鳥栖―武雄温泉）を巡り、与党プロジェクトチーム検討委員会は8月5日、建設中の区間と同じフル規格で整備することを決めた。しかし、佐賀県はまったく納得していない。

もともと同区間は、車輪をスライドさせて、狭軌の在来線も走ることのできる新型車両フリーゲージトレインを開発・導入することで在来線ルートを活用する方針がとられていた。ところが、技術開発が間に合わず、政府は導入を断念していた。

この間の長崎県と佐賀県の対立をめぐって、毎日新聞（9月7日付）の社説は、「佐賀県の怒りは無理もない」とする。その理由として、「九州新幹線・長崎ルートを巡る計画が当初同意した内容と大きく変わってしまった」ことや、「もともと佐賀県には魅力の乏しい計画だった」ことなどをあげている。そして、「地元の県が求めていないのに、フル規格で整備すると中央が押し付けるやり方は、地方自治の観点から大きな問題だ」とする山口祥義佐賀県知事の主張に理解を示している。

〝イシキ〟の叫び、再び

長崎県と言えば、当コラムが2018年10月17日に「〝イシキ〟の叫び」として取り上げた、長崎県川棚町川原《こうばる》地区における「石木ダム」建設問題が重大局面を迎えている。

タウン情報紙「ライフさせぼ」は、「長崎県と佐世保市が計画を進めながら、約半世紀もこう着状態が続いてきた石木ダム問題。ついに国や公共地方団体が必要とする土地を強制的に収用することができる法律（土地収用法）に基づき、地権者所有地の「強制収用」を決定。おりしも9月19日（九十九島の日）に、土地の所有権が、国に移転する手続きが実施され、11月までに家屋を含む土地の明け渡しを求めることになりました」として、『石木ダム緊急集会』（9月8日開催）を告知している。

その集会の参加者からの伝聞であるが、ダム建設予定地で半世紀以上も反対運動で頑張って来た岩下和雄さんは、「1972年、私たち住民と県知事と川棚町長で、覚書を結びました。そこには『ダムを造る必要が生じた場合には、改めて書面で住民の同意を得てから着手する』と記しています。この覚書について『ちゃんと守ってほしい』というと、県は『紳士協定だから、法的な拘束力はない』と言い放っています」と、訴えたそうである。

確かに、知人より入手した「石木川の河川開発調査に関する覚書」は、長崎県東彼杵郡川棚町字川原郷、岩屋郷、木場郷（以下「甲」という）と長崎県（以下「乙」という）の間で、1972（昭和47）年7月29日に取りかわされている。「甲」は三郷の総代、「乙」は当時の長崎県知事久保勘一氏。立会人は当時の川棚町長竹村寅次郎氏。

そしてその第4条には、「乙が調査の結果、建設の必要が生じたときは、改めて甲と協議の上、書面による同意を受けた後着手するものとする」と記されている。

また同日、三郷の総代と川棚町長との間で取りかわされた『覚書』の第1条には「石木川の河川開発調査に関して甲と長崎県知事との間に取りかわされた覚書はあくまで甲（地元民）の理解の上に作業が進められることを基調とするものであるから、若し長崎県が覚書の精神に反し独断専行或いは強制執行等の行為に出た場合は乙は総力を挙げて反対し作業を阻止する行動をとることを約束する」と記されている。ここでの乙とは川棚町のことで、今日の情況を想定していたかのような極めて重い内容である。

紳士協定の核心部分は、「信頼」にあるがゆえに、局面によっては法的拘束力以上の力を有している。それを平気で反古にする長崎県は、地方自治の精神を自ら蹂躙する、信頼に価しない存在であり、総力を挙げて戦うべき対象である。

「地方の眼力」なめんなよ

とんだ妄言キタムラダイジン

（2019・09・18）

「みんなが困らないように生活していくには、誰かが犠牲、誰かが協力するという積極的なボランティア精神で世の中は成り立っている」と語るのは、長崎県選出の国会議員北村誠吾・地方創生担当相。9月14日、地元長崎県佐世保市における記者会見で、9月11日付の当コラムが取り上げた、「石木ダム」建設問題に言及して（毎日新聞、9月15日付）。

何がボランティア精神ですか

古里であり日々の生活の場でもある所を、納得できない理由で追い払われようとしている人々に、ボランティア精神を説く、あまりの不見識さに開いた口が塞がらない。この程度の人が地方創生のリード役とは、地方もなめられたものだ。

記事の続きには、氏が県や市の姿勢も批判し、反対の地権者が納得するまで議論を尽くす必要がある、と指摘したことが添えられている。しかし、冒頭の罪深き発言を無かったことにはできない。半世紀にわたる反対運動で、どれだけの犠牲を地権者家族は払わされてきたことか。ほんの少しでもそこに思いを馳せれば、出てくる発言ではない。県の関係者、機動隊員、警察官、工事関係者、みんな変わる。その人たちにとっては人生の一コマにすぎない。しかし当事者にとっては、大切な人生の多くの部分を奪い去るものである。

「宅地が奪われようとしている全国的にもまれな状況を認識しているのだろうか。地元選出国会議員が一部の地域のために犠牲を強いるとはあきれて物も言えない」と、怒りの声をあげるのは反対地権者の炭谷猛川棚町議（長崎新聞、9月15日付）。

「石木ダム強制収用を許さない議員連盟」の設立と「どぎゃんか集会」

さらに同紙は、県内外の国会議員を含む超党派議員73人が9月14日、「石木ダム強制収用を許さない議員連盟」を設立したことを伝えている。

代表の城後光氏（波佐見町議）は「住民が納得しないまま進めるのはどうなのか。個人の権利の保護は議員が訴えるべきことだ」と主張。事務局長の山田博司氏（長崎県議）は「現地ではダムよりも、もっと必要なことをしてほしいとの声もある」と述べ、代表代行でもある炭谷氏は「同じ気持ちの人がこれだけいることに希望が出てきた。まだまだ頑張れる」と語っている。

西日本新聞（9月17日付、長崎南版）によれば、「石木ダム・強制収用あんまいばい!どぎゃんか集会」（小松注：あんまいばい→あまりにもひどいぞ。どぎゃんか→どうにか。しゅうかい→しましょうよ）が16日に開かれた。支援弁護団の馬奈木昭雄弁護士は「自分たちの権利は自分たちで守る。その戦いが石木ダムで行われている」と訴え、国民の権利は政権から与えられるものではなく、土地所有権についても「勝手に取り上げられるものではない」ことを強調。さらに北村氏の発言にも言及し、「時の権力者が一方的に犠牲になれという権利はない」と指弾した。

住民を犠牲にした水を飲みたくはない

――里山の田畑を朝日が照らす。赤や青のゼッケンを着けた住民たちが、いつもの場所に向かう。胸には「石木ダム反対」「強制収用反対」の文字。岩下すみ子さん（70）は午前7時45分に家を出る。住民が腰掛けるパイプ椅子の横を工事車両が砂ぼこりを上げて通る。「土日曜以外はほとんど毎日座る。こういう生活している人、おらんもんね」。終日座り込んだ日々もあった。股関節が痛むようになり、つえを突き、現場に続く未舗装の道を往復する。

――座り込みの現場から約300メートル離れた県道沿いに小さな掘っ立て小屋がある。座り込みに参加できない松本マツさん（92）らはここで午前中を過ごし「反対」の意思を示す。1982年、県が機動隊を投入してダム予定地の測量に踏み切った「騒動」が頭から離れない。当時も座り込んだ住民は腕を抱えられ、次々に引っ張り出された。踏み付けられる人もいた。「機動隊員が次から次へと押し掛けてね。小高い山から木の棒で指示してた。恐ろしかった。あれは受けてみんと分からんよ」

――地権者岩本宏之さん（74）は1950年代後半から13年間、熊本、大分県境の下筌《しもうけ》・松原ダム建設反対運動を率いた故室原知幸さんの言葉を胸に刻む。「公共事業は、法に叶《かな》い、理に叶い、情に叶うものであれ」

これらは、同日の西日本新聞が社会面で伝える、日常の風景とも化した住民による座り込みの記事の抜粋である。最後に、石木ダム建設は、利水というメリットを享受する佐世保市でも賛否が割れ、反対する市民団体が「住民を犠牲にした水を飲みたくはない」と訴え、朝長則男市長宛てに抗議文を出していることを紹介している。

正論を展開する長崎新聞

「古里で静かに安心して暮らしたい。そんな誰もが抱く願いは聞き入れられなかった」で始まるのは、2016年12月20日、反対地権者らが工事差し止めを求めた仮処分申請申し立てを、長崎地裁佐世保支部が「工事続行を禁じる緊急の必要性がない」として却下したことを取り上げた長崎新聞（2016年12月24日付）の論説。

1975年に事業採択されて以降、「反対地権者らは抗議活動を続けてきた。その立場からすれば『緊急の必要性』どころか、長期間にわたって平穏な生活を奪われている。そうした経過を含めダム事業の全体像に目を向けずに、事態解決は不可能だろう」とし、「強制収用を進めても、不幸な事態を積み重ねるだけだ。利水、治水における石木ダムの目的についても理解は得られていない。県は今ここで立ち止まり、事業の進め方を再検討すべきだ」としている。

さらに2018年1月16日付の同紙論説でも、「長い時の中で状況は変化し、その必要性には数々の疑義が呈されている」ことを指摘し、「大規模な自然破壊をもたらす公共事業には高い公益性が求められる。そして、公益のためだとしても、私有財産を奪い取り、個人の権利を制限するようなことには極めて慎重であるべきだ。反対派は石木ダム計画の妥当性を厳しく問うており、多くの県民も説明が不十分と感じている。こんな状況で強引な手法に出ることなど許されない」と、正論を展開する。

妄言大臣は去りゆくのみ

西日本新聞（9月18日付）は、予想通り、北村氏が、先の妄言について「一方的に犠牲を（強いる）という思いを持っているものではない。不快な思いをさせる表現だったのであれば、今後注意したい」と釈明したが、撤回や謝罪の考えは「ない」とのこと。さらに、馬奈木氏の指摘を念頭に置いてか、「権力者としてどうこうという気持ちはない」と強調したそうだ。

権力を持たされていることにも無自覚なこの人に今求めるのは、一刻も早く政界から消え去ることのみ。ぶわっかめぇ～！

「地方の眼力」なめんなよ

非清浄国化を恐れる非正常国

（2019・09・25）

江藤拓農水相が、養豚場の豚へのワクチン接種実施に向けて防疫指針の改定に着手する方針を正式に表明したのは9月20日。

「遅い！」と言わんばかりに、岐阜県恵那市の養豚場で豚コレラが発生した。同県によると、21日に養豚場から「1頭死んだ」と連絡があり、県の遺伝子検査で22日午前、21頭中18頭から陽性反応が出た。同市内の全6養豚場で感染が確認されたことになるそうだ。約８０００頭を飼育しているとみられ、県は陸上自衛隊に災害派遣を要請し、全頭を殺処分するとのこと。

それでも遅いワクチン接種

東京新聞（９月25日）によれば、江藤氏は24日の閣議後の記者会見で、感染が広がる豚コレラのワクチン接種について、今後２カ月以内に開始できるとの見解を示した。農林水産省は廃棄する予定だった50万頭分のワクチンが11月末までなら有効であることを確認し、この50万頭分を活用するとのこと。「効果も安全性も担保できるというメーカーの回答なので、現実には優先して使用することになるのではないか」と、氏は語っている。

それでもこの瞬間にも前門の虎は猛威をふるい、後門の狼すら迫っている。

後門の狼、アフリカ豚コレラ接近中

毎日新聞（９月22日付）は、韓国農林畜産食品省が21日、北部の養豚場で初めて発生したアフリカ豚コレラの感染拡大阻止に向け、養豚場に出入りする車両や関連施設の消毒作業を進めたことを伝えている。しかし、朝鮮半島に接近する台風17号の暴風雨で、散布した薬品の効果が薄れる恐れもあり、感染の「南下」を止められるかどうかが焦点、とする。金炫秀《キムヒョンス》・農林畜産食品相は21日、台風により、殺処分した豚を埋めた場所から雨水が流れ出るなどして感染が広がらないよう対策を指示したそうだ。

ワクチン接種をためらい、被害を拡大させているお粗末な我が国。かなり厳しい状況を想定せざるを得ない。

及び腰のワクチン接種

同紙（9月21日付）によれば、現行の防疫指針は予防的なワクチン接種を認めておらず、指針の改定を急ぐ一方、製薬会社にはワクチンの増産を求め、感染が集中している地域に限定して接種する方針である。輸出への影響などを懸念してワクチン接種に慎重だった政府の方針は転換されたが、完全制圧に向けた断固たる姿勢とは言いがたい。なぜなら、ワクチン接種の最終判断は各都道府県に丸投げされるからだ。その根底には、ワクチン接種により、「清浄国」から「非清浄国」に格下げされ、輸出が困難になることを恐れる現政権の姿勢が堅固に横たわっている。この期に及んでさえも。

非清浄国化を恐れて養豚産業滅ぼす

「おろそかだった国の備え」という見出しは、信濃毎日新聞（9月21日付）の社説。「接種を求める声は養豚業者や自治体から早い段階で出ていた。ここへ来てどたばたと事を進めるのは、備えをおろそかにしてきた裏返しでもある」「接種地域を限るのは、域外の豚について輸出への影響を避けられる可能性があるからだという。ただ、それで感染拡大を食い止められなければ、また対応が後手に回り、手遅れになる恐れもある」とする。

他方、「豚肉を買うのを控える動きが起きないかも心配だ」としたうえで、豚コレラは人に感染せず、感染した豚肉を食べても人の体に影響はないことを伝えている。加えて我が国では、「1992年まで豚コレラが発生していた。ワクチンも使われていたが、豚肉は当たり前に流通し、食卓に上っていた。その後、接種をなくし、『清浄国』に認定された経緯がある」ことから、風評被害によって養豚農家が大きな打撃を受けないよう、正確な情報を周知させることを政府、自治体に求めている。

愛媛新聞（9月22日付）も、ワクチン接種について「これ以上の感染拡大を防ぐためにはやむを得ない判断」「養豚農家らの不安解消へ大きな一歩だ」としたうえで、「接種による予防と、感染源の撲滅を組み合わせ、収束への道筋を付けなければならない」し、「結果的に後手に回り早期の収束に失敗しており、対応の検証が必要」とする。

そして、「非清浄国」に格下げされれば、豚肉の輸出に支障が出かねないという政府の姿勢に対しては、「輸出量は少なく、国内の生産体制を守る方が優先されよう」と、輸出へのこだわりを批判し、それ以上に心配すべきは「風評被害」と同紙も指摘する。

「ワクチンを接種した地域の豚肉の購入が控えられたり、国産から外国産に切り替えられたりしないために、国による情報周知や啓発が重要」とするとともに、豚コレラが発生した養豚農家の多くが、「休業中の収入確保や従業員の雇用維持に苦しんでいる」ことを取り上げ、行政に対してきめ細かな支援を求めている。

最後に、先述したアフリカ豚コレラの感染が急速に拡大していることから、「日本に上陸すると被害は計り知れない」ので、「水際での侵入防止を徹底」せよと、警鐘を鳴らす。

「魂の叫び」と「空っぽの言葉」

「人々は困窮し、死にひんし、生態系は壊れる。私たちは絶滅を前にしている。なのに、あなたがたはお金と、永続的経済成長という『おとぎ話』を語っている。よくもそんなことが！」。目に涙を浮かべ、怒りで小さな体を震わせるスウェーデンの環境活動家、グレタ・トゥーンベリ氏（16）の叫びに、9月23日米ニューヨークで行われた国連気候行動サミット会場の国連本部総会ホールが静まりかえったことを、25日の各紙が一面で報じている。

並記することすらグレタ氏には失礼であるが、小泉進次郎環境相は22日に同地で開かれた環境保護団体のイベントで「気候変動のような大きな問題に取り組む際には『楽しく』『格好良く』『セクシーで』なければならない」などと述べた。とりわけ「セクシー」発言の真意を記者団に問われ「説明すること自体がセクシーじゃない。やぼな説明は要らない」と、詳しい説明を避けたことを各紙が伝えている。詳しい説明を避けたのではない。何にも考えていないから語れないだけのこと。グレタ氏の言葉を借りるならば、「空っぽの言葉」。環境問題への世界的な取り組みに敬意を払わない、バカ政治屋ならではの戯言である。

類は友を呼ぶ。自民党の世耕弘成参院幹事長はこの件に関連して、小泉氏について「政府を代表する立場で今後もきっちり発信していただきたい」と述べたそうだ。

我が国の養豚産業が立ち直るためには「非清浄国化」は避けられない。そして我が国がまともな国になるためには、我が国が世界に冠たる「非正常国」であることに、人びとが気づき、行動を起こさなければならない。

「地方の眼力」なめんなよ

（2019・10・02）

マッチポンプにご用心

「アスリートに敬意がない。多くのお偉方がここで世界選手権をすることを決めたのだろうが、彼らはおそらく今、涼しい場所で寝ているんだろう」と、レース実行に踏み切った国際陸連を皮肉ったのは、陸上世界選手権（カタールの首都ドーハで開催）の深夜の女子マラソンで5位のマズロナク選手（ベラルーシ）。（YAHOO！ニュース、9月30日9時20分配信「ドーハの悲劇」が起こらないことを願うばかり。

マズロナク選手の皮肉になぞらえれば、「人々に敬意がない。多くのお偉方が消費税増税を決めたのだろうが、彼ら彼女らはおそらく今、涼しい顔をしてお買い物でしょう」となる。

「LITERA」（9月30日9時57分）は、10％への消費税増税について、「10月7日に発表される8月分の景気動向指数の基調判断では3・4月分につづいてもっとも悪い『悪化』に修正される可能性も指摘されているというのに、そんななかで増税を決行するなど、はっきり言って正気の沙汰ではない」と斬り捨てる。

さらに、安倍首相の元ブレーンであった藤井聡氏（前内閣官房参与、京都大学大学院教授）が「大竹まことゴールデンラジオ」（文化放送、9月24日）で語った、「何で消費税が上げられているかといえば理由は簡単で、法人税を引き下げたことによる空いた税金の穴埋めさせられているんです。たとえば、大企業さんとか、有名な鉄鋼企業さんとかね、有名なインターネット企業さんとかね、何千億、何兆円と売り上げていらっしゃるような大企業が数百億円しか税金払ってないんですよ。完璧な税金対策をおこなってですね、利益を全部出さんようにして、税金をほとんど払っていない。こういったところの補填を、庶民がさせられている」という見解を紹介している。ちなみに、ソンは名字だけでいいようです。

毎日新聞（10月1日10時48分）によれば、消費税率10％への引き上げについて、安倍首相が記者団に対し、「（増税分を財源に）子どもたちからお年寄りまで全ての皆さんが安心できる全世代型社会保障制度改革を進める。その大きな第一歩になる」と語り、増税による景気への影響については「しっかりと注視し、万全の対策をとっていく考えだ」と述べたそうだ。

万全の対策は、増税ではなく減税、そして税金をまともに払っていないブラック企業からしっかりとること。

そもそも万全の対策が必要なものを仕掛けた輩が対策を講じる。これも、立派なマッチポンプ。ゾーゼーの悲劇は起きても、「社会保障の充実」はない。

寄り添われても迷惑。臭いから

万全の対策といえば、同紙（10月1日21時15分）は、日米貿易協定の最終合意を受け、官邸で開いた対策本部の会合で安倍首相が「農家の不安にもしっかりと寄り添い、万全の対策を講じていくことが必要だ」と述べ、関係省庁に対し農業対策の見直しなどを指示したそうだ。

万全の対策が必要なものをホイホイ決めることがおかしい。そして、トランプ臭がするので寄り添わなくても結構。

日本農業新聞（9月27日付）の一面で、内田英憲氏（同紙編集局長）は、この共同声明について、「この行為が、日本の農業を、かつてなく厳しい国際競争にさらすことになると肝に銘じるべきである」と、バッサリ。さらに首相が会見で、「両国の消費者、生産者、そして勤労者、全ての国民に利益をもたらす」と成果を誇ったことに対して、「日本と米国の農家の利害得失はバランスが取れているのか」と、問いただす。そして、「日本の農業にとっての真の防衛ラインは国内生産に影響が出ないようにすることだ」として、「生産基盤の再建・強化こそが安倍政権の責務」と、宿題を突きつける。

同紙の論説においても、「トランプ米大統領にごね得を許したのではないか」「相互利益というならば、牛肉や豚肉などでＴＰＰ水準の関税引き下げをしたことへの見返りはあったのか」と、説明を求めている。情報開示に関しても、「情報提供は民主主義の前提であり、国の責務だ。野党が要求した閉会中審査も開かれず、国会軽視との批判は免れない」と指弾する。

一般社団法人全国農業協同組合中央会は政権の傀儡《かいらい》と化すのか

日本農業新聞の論調は危機感にあふれる厳しいものであるが、同紙の2面では、自民党の森山裕国会対策委員長が農業団体には「ご評価いただけた」と語ったことを伝えている。もちろんJAグループ抜きの農業団体は考えられない。JAグループの誰が、どこを評価したのだろうか。

その記事の下方にある「大綱基づく対応求める　全中・中家会長」という見出し記事が答えを教えている。日本農業新聞の解説や論説との温度差を感じる、紹介するに価しない代物。悲しいかな、一般社団法人に降格されたJA全中が政権の傀儡と化すことを予感させるものである。

農民運動全国連合会（農民連）が9月26日、当該協定の「合意」に抗議し、国会承認阻止、日米FTA（自由貿易協定）交渉の中止へ、あらたなたたかいを呼びかける声明を発表したことを、しんぶん赤旗（10月1日付）が伝えている。「主権国としての尊厳を投げ捨てた屈辱的・亡国的外交に満身の怒りを込めて」抗議し、TPP11、日欧EPA、そして今回の協定が締結されれば、「かつて経験したことのない異次元の農産物市場開放」となることを訴えている。魂の置き所が決定的に違っている。

畜産業への影響と米国との関係

琉球新報（9月27日付）の社説は、「特に海外の安い牛肉や豚肉との競争がますます拡大することとなり、県内畜産業に影響が出ることが懸念される。……大規模牧場経営でコスト面の競争優位性がある米国の畜産業を相手に、手間をかけて牛を肥育する日本の畜産農家が、関税の引き下げで打撃を受けるのは必至だ。飼料価格が上昇傾向にあるなど経営コストが増している中で、生産者の事業継続の意欲をそぐことになりかねない。牛肉や豚肉の価格が安くなることは一般家庭には恩恵と感じるかもしれない。だが、輸入農産物との価格競争で国内産の消費が減り、相場全般が下がれば、農業の比重が大きい山間部や離島の雇用、経済を確実に衰退させる」ため、沖縄県の経済にとっても無視できないとする。

さらに、「（トランプ流の）手法にまんまと乗せられた日本政府の弱腰は将来に大きな禍根を残すものだ。トランプ外交も交渉に勝利したように見えて、長い目で見れば友好国との間にしこりを生み、米国の国益を損ねることになるだろう」とし、「今回の貿易交渉の経過と結果を分析し、米国との関係を考え直す機会とすべきだ」とまで踏み込んでいる。アメリカとの関係に苦しみ、翻弄されてきた地域に拠点を置くジャーナリズムの意地と矜持が伝わってくる。

「地方の眼力」なめんなよ

（2019・10・09）

評価できないものに尻尾は振るな

「人間どんな姿になろうとも、人生をエンジョイできる」と、当事者がさまざまな思いを込めて語ることを妨げることはできない。しかし、国会の所信表明演説で、名指しせんばかりに「どんな姿になろうとも、……」と言われて喜ぶ人はいないはず。骨の髄までしみこんだ、障がい者蔑視がにじみ出た発言。そんな人が、取って付けたように「みんなちがって、みんないい」と、金子みすゞの詩の一節を語っても、この詩が穢されるだけ。

「記憶にない」とは言わせない

その演説の全文を数回読み返したが、「食料自給率」に言及した箇所が見当たらなかった。37％に低下し、今のままでは下がることはあっても上がることは考えられないにもかかわらず。

日本農業新聞（10月7日付）には、２０５０年に世界の食料需要量は２０１０年の1・7倍になる、という農林水産省による予測結果を紹介している。地球温暖化を前提に人口増加や経済発展を加味した予測で、穀物生産量も１・７倍に増えるが収穫面積は横ばいのため、単収の増加で需要増に対応する構図を示している。

これらから同省は、「食料需給逼迫を回避するには、国内生産の増大を図りつつ、食料輸入の増加が見通されるアフリカなどへの継続的な技術支援をすることが課題になる」とする。

その記事の横には、末松広行農水事務次官のインタビュー記事がある。

新たな食料・農業・農村基本計画を検討する上での課題を問われて、「自給率は高い数字になってない。これを上げることが非常に重要。一方、農家のことを考えると稼げる作物の生産が欠かせない。……日本の農林水産業、農山漁村は地域の社会、経済を引っ張る力がある。その役割が発揮されるよう地域政策を含め施策を組み立てたい」と、答えている。

食料自給率や地域政策が視野から消えるという「オクハラ病」が蔓延する農水省。それを良しとする官邸。どこまでが本心か、俄には信じられないが、語った事実だけは覚えておく。「記憶にない」とは言わせない。

評価できない安倍農政

日本農業新聞（10月4日付）は、農業者を中心とした同紙モニター1024人を対象に、9月中・下旬に郵送で実施した意識調査の結果を紹介している（回答者率63・2％）。その概要は、以下のように整理される。

（1）末松氏が課題として取り上げた、食料自給率向上への政府の取り組みについては、「大いに評価する」2・3％、「どちらかといえば評価する」11・6％、「どちらかといえば評価しない」30・3％、「全く評価しない」49・8％。半数の農業者が全く評価しておらず、「どちらかといえば評価しない」と合わせたら、8割の農業者から評価されていない。

（2）新たな食料・農業・農村基本計画の議論で重視すべきテーマ（選択肢17のうち3項目まで選択可）を見ても、「食料自給率の向上」が55・6％で最も多い。これに「農業所得の増大」49・5％、「担い手の確保・育成」41・9％が続いている。

（3）日米貿易協定交渉の大枠合意については、「日米双方に利益あり」8・0％、「日本に有利」1・1％、「米国に有利」66・3％、「分からない」24・3％。安倍首相が自慢げに語るウィン・ウィンを認めるものは1割を切り、日本が有利であったとする人は極めて少数である。多くの農業者はアメリカに有利な結果と見ており、安倍氏の認識は真逆。

（4）TPP11に、この日米貿易協定が加わった時の国内農業への影響については、「あまり変わらない」7・3％、「やや強まる」27・7％、「かなり強まる」51・2％。8割の農業者が不安を覚えている。

（5）日米貿易協定交渉で米国から275万トンの飼料用トウモロコシを前倒し輸入することを約束したことについては、「納得できる」9・4％、「納得できない」58・0％、「分からない」32・3％。1割の農業者しか納得していない。

（6）安倍内閣の農業政策については、「大いに評価する」1・4％、「どちらかといえば評価する」24・6％、「どちらかといえば評価しない」39・3％、「全く評価しない」27・2％。評価の有無で大別すれば、「評価する」が26・0％、「評価しない」が66・5％。農業者の4分の1にしか評価されていない。

野党に注文を付ける前に、眼前の身内にこそ注文を付けよ

このような低評価にもかかわらず、安倍農政を、そして安倍内閣を変えようとする気がうかがえない。

（1）安倍内閣については、「支持」43・4％、「不支持」55・8％。明らかに分厚い岩盤支持層が存在している。

（2）支持政党、農政で期待する政党、年内に衆院選があったら投票する政党については、45・6％が自民党を支持し、42・3％が自民党の農政に期待し、40・6％がそこに投票するとしている。

「7割近くの人が安倍農政を評価していない」で始まる日本農業新聞（10月7日付）の論説は、当該調査結果から「官邸主導の農政を改め、生産現場の声に耳を傾ける丁寧な農政運営へと転換すべきだ」とする。

その上で、「今回の調査で、残念だったのは野党の支持が振るわなかったことだ」とし、「野党は共通した農政の議論を深め、国民の前に示すなどし、もっと存在感を示して欲しい」と注文を付けている。

しかし、この野党への注文は、日本農業新聞の逃げである。「刃向かうと怖い。長いものには巻かれよ」とばかりに、政権与党の顔色をうかがい、卑屈で媚びた目つきで、力なく尻尾を振っているJAグループの役職員と農業者にこそ注文を付けるべきである。

「言っていることと思っていることと、やっていることが大きく違っている。これでは国民の理解、信頼は得られない。ダメなものにはダメと、取りうる手段を駆使して明確な意思表示をしよう」と。

トランプ氏を嘘つきにしていいの

10月7日の代表質問において枝野幸男立憲民主党代表の、米国産トウモロコシを購入すると約束したことへの追及に対して、安倍晋三首相は、「飼料用トウモロコシの多くが米国から買われていることから『対策の実施によって前倒しで購入されることを期待していると（トランプ氏に）説明したが、**米国と約束や合意をしたとの事実はない**』と述べた」（強調小松）ことを、日本農業新聞（10月8日付）が淡々と紹介している。だとすれば、この問題についての嘘つきはトランプ大統領か。

トランプ氏は日米首脳会談後の共同記者会見で、「米国内の至るところでトウモロコシが余っている。……日本はそのトウモロコシを全て購入する」と発言し、安倍首相と合意したことを明言していた。その後の動きからも、どちらが嘘つきかは明らか。

農業やJAの関係者が、これほどまでの嘘つきをトップとする政権や政党を支持し続ける限り、「農ある世界」に未来はない。

「地方の眼力」なめんなよ

大災害時代を生きてやる

（2019・10・16）

東京新聞（10月8日付）によれば、経団連が今年も会員企業に政治献金を呼びかける方針を決めたとのこと。自公政権の政策への評価を基に、会員企業に文書で「社会貢献の一環としての政治寄付」として呼び掛けるそうだ。政治献金を社会貢献、といってはばからない厚顔無恥さにただただ驚くばかり。これを延長していけば、関西電力をめぐる事件は、「やや行き過ぎた地域社会貢献でした」で済ますことさえできるはず。自公政権にくれる金があるのなら、災害救援募金への寄付を勧める。450兆円に迫る内部留保をため込む大企業なら、かなりの貢献が期待される。もちろん、自公政権だって恥ずかしくて受け取れませんよネ！

家無き人と思慮無き人

毎日新聞（10月14日付）の27面に看過できない記事ふたつ。

ひとつは、東京都台東区が路上生活者など区内の住所を提示できない人を避難所で受け入れていなかったこと。台東区は、12日に区立小学校の避難所を訪れた路上生活者2人に対し、「住所がない」という理由で受け入れを拒否した。受け入れを断られた男性（64）は脳梗塞《こうそく》を患い、会話が不自由な状態で、結局JR上野駅周辺の建物の陰で傘を差して風雨をしのいだとのこと。

区災害対策課は「区民が今後来るかもしれない状況だったため、区民を優先した」が、「結果として支援から漏れてしまったのは事実で、今回の対応に多くの批判もいただいている。住所のない人の命をどう守るか。他の自治体などを参考に支援のあり方を検討していきたい」と話す。

その後、区の対応に批判の声があがる中、区長は15日午後、「対応が不十分であり、避難できなかった方がおられた事につきましては、大変申し訳ありませんでした」と謝罪し、災害時の対応を検討する組織を新たに立ち上げ、「全ての方を援助する方策について検討を進めていきます」と発表した。ネット上にはさまざまな意見が飛び交っているが、避難所とは路上生活者に限らず、命に危険が及ぶ緊急時に「人」を守るべき場所であることを忘れるべきではない。

もうひとつが、自民党の二階俊博幹事長が党本部での緊急役員会で、「予測に比べると、まずまずに収まった感じですが、それでも相当の被害が広範に及んでいる」と述べたこと。もちろん問題なのは、〝まずまずに収まった〟という認識と、それを簡単に言葉にしてしまう思慮の無さ。

二階氏が役員会後、記者団に「日本がひっくり返るような災害と比べたら、という意味で、1人亡くなっても大変なことだ」と釈明。この場面をニュースで見たが、二階氏の後ろに二階派の今村雅弘元復興相が立っていた。二人のすっとぼけた顔を見たら、これはギャグか、ショートコントかと思わず苦笑した。今村氏といえば、二階派のパーティーで東日本大震災の被害に関して「まだ東北で、あっちの方だったから良かった。首都圏に近かったりすると、莫大な、甚大な額になった」と述べ、事実上の更迭処分となった方。その部下の不始末を学習できない上司。その揃い踏みは、笑うに笑えないツーショット。

ところが各方面から出された批判の多さに恐れをなしたのか、15日に党本部で記者団に「被災地の皆さまに誤解を与えたとすれば、表現が不適切だった」と述べ、発言を撤回。だれも誤解していないので、撤回無用。辞任、辞職を求めます。

危機感あふれる地方紙

10月14日の地方紙の多くが、社説等で災害問題を取り上げている。（文中の強調文字は小松）

「気象の異変は台風に限らない。豪雨による災害もこのところ毎年のように起きている。多くの犠牲者を出した昨年の西日本豪雨や、一昨年の九州北部の豪雨は記憶に新しい。……日本は地震が集中する国でもある。水害にせよ地震にせよ、多発する大災害は住民の命を脅かし、生活に大きな打撃を与える。身近な災害の危険を日ごろから住民に周知し、共有できていたか。自治体があらためて点検するとともに、住民も自ら、防災と減災への意識を新たにしたい。**疲弊する地方がさらに窮地に追い込まれれば社会はもたない。**国が果たすべき責任も問われる」（信濃毎日新聞）

「**激甚化する災害への対応は、もはや国家的な課題だ。**防災対策や災害関連の法律を総合的に見直すことが不可欠だろう。国民の生命・財産を守る設備やシステムを整備し、万が一の際も生活や仕事の再建を継続的に支える仕組みを早急に構築しなければならない。……平時の備えはもちろんだが、災害情報を得たら、的確な行動がすぐに取れるよう心掛けておくことが『**災害列島**』を生き抜く条件となる」（愛媛新聞）

「一面に広がる泥水の海。テレビ画面に映し出される各地の光景に息をのむ。……近年、**災害の『巨大化』『凶暴化』**を実感することが多い。『数十年に一度の雨の降り方』といった言葉を頻繁に聞く。……**これまで経験したことがないような災害がいつでも起こり得る。**その時、どうやって命を守るか。巨大化する災害に応じて『備え』も強化しなければならない」（高知新聞）

「特別警報は『数十年に1度』の甚大な災害が起きる危険性が高い際に発表される。それが毎年のように出る。**豪雨災害はいつ、どこで起きても不思議ではない。**……台風に伴う災害は、新たな段階に入ったと言うべきだろう。**これまでの安全が、こ**

れからの安全を保障するわけではない。台風や気象が激化する中で、従来の防災・減災の仕組みを再考する必要があるのではないか。地域での対策や災害情報の発信方法、被害への支援法制などを含め、いま一度見直す時期に来ている」（河北新報）

「私たちはゲリラ豪雨や台風、地震などが頻発する**自然災害列島**に生きている。温暖化の影響か、被害の規模は次第に深刻さを増しているようだ。その自覚を持ち、防災・減災の取り組みをさらに進めねばならない」（中国新聞）

大災害時代のまっただ中

政府の地震調査委員会はマグニチュード8から9の巨大地震が今後30年以内に「70％から80％」の確率で発生すると予測している。国は南海トラフの巨大地震が起きると、最悪の場合、死者は32万人を超え、経済被害も220兆円を超えると想定している（NHK「NEWS WEB」災害列島 命を守る情報サイト、2019年4月8日）。

（一社）農業開発研修センターが10月15日に行ったJA共済総合研究会で、講師の岡田知弘氏（地域経済学・京都橘大学教授、京都大学名誉教授）は、「1990年代半ば以降、大規模な震災、水害、風害、雪害、火山災害が相次ぐことから、我が国が「大災害時代」に入ったとする。そのため、「住民の命と基本的人権の尊重、国土及び地球規模での自然環境との共生をいかに図っていくか。これらの重い課題が、国だけでなく、地方自治体関係者、そして主権者である住民につきつけられている」と、語った。

我々は、いつ襲いかかってくるか分からない狼の群れにかこまれている。だからといって、危機意識を煽って、どさくさ紛れに、悪名高き「緊急事態条項」を潜り込ませた改憲議論に与すべきではない。何せ、出してくるのが最大の国難男だから。

「地方の眼力」なめんなよ

憲法第25条を蹂躙するなかれ

（2019・10・23）

日本国憲法第25条【生存権、国の社会的使命】①すべて国民は、健康で文化的な最低限度の生活を営む権利を有する。②国は、すべての生活部面について、社会福祉、社会保障及び公衆衛生の向上及び増進に努めなければならない。

取り戻せ「水の自治」と「水の文化」

岡山県自治体問題研究所主催の市民公開講座（10月21日）は、武田英夫氏（元岡山県議、岡山県苫田ダムと広域水道企業団問題をライフワークとして活動）による「改悪水道法と岡山の現状〜苫田ダムと岡山県広域水道企業団〜」という講演。

示唆を受けたのは次の2点。

ひとつは、ダムの治水効果は極めて限定的で、ダムへの依存度を高めるような議論は危険である。

もうひとつは、水は「生命」の中心を担うもの。その重要な水を供給する水道事業を「民営化」してはいけない。

とくに後者は、憲法25条に記されている「公衆衛生」という国民の権利を保障することに立脚している。ゆえに、各自治体は「広域化・民営化」で「遠くの水」を求めるのではなく、「近くの水」すなわち自己水源を確保し、「水の自治」と「水の文化」を取り戻さねばならないとする。

進ませてはならぬ水道民営化

期せずして、翌22日の西日本新聞は1面で水道民営化問題を取り上げている。

改正水道法が10月1日に施行された。同法は、市町村を基本単位とする水道事業の運営権を、民間企業に委託する「コンセッション方式」の促進を盛り込んでいる。同紙は九州の政令市、県庁所在市、中核市の計10市に同方式の導入について調査した。全ての市が「導入予定はない」と回答したことから、「最も身近なインフラで命に直結する水の『民営化』への懸念の大きさを裏付けている」とする。

各市の水道事業担当部局は、導入しない理由として次のように回答している。

長崎市：コンセッションは官と民の役割やリスク分担の整理がいる。海外では再度公営化した事例もあり、安全安心な水を民間に委ねることには、市民の理解を見極める必要がある。

佐賀市：水道事業にまったく知識がない事業者が災害が起きたときに責任を果たせるのか。

北九州市：選択肢は広がったが、検討もしていない。現時点では広域連携を重視している。

熊本市：地下水で全ての水源を賄っており、効果的に運用する独自のノウハウが求められる。

福岡市：市民に無理な負担を求めることなく安定的に黒字を確保できる。

大分市：現行の直営での安定経営。

鹿児島市：当面検討もしないが、老朽化施設が増えるなどして経営状況が悪化するとなると、検討することもあり得る。

また厚生労働省も、上水道でコンセッションの導入例はこれまでなく、民営化による水道料金の高騰や水の安全性の確保、災害時の対応を民間企業ができるかといった点で、市民にも不安の声は根強いことを認めていることが紹介されている。

またまた空から降ってきた

東京新聞（10月22日付）によれば、沖縄県の米軍嘉手納飛行場で、ＭＣ１３０特殊作戦機の主脚の関連部品（トルク管）がなくなっていたことが、21日に明らかになった。18日午前5時40分ごろの点検では、分かっていたそうだ。政府関係者によると、当該部品は基地内で発見され、人的被害はないとのこと。

「ただでさえ周辺住民は騒音に悩まされているのに、部品落下事故を何度も繰り返し言語道断だ」「軍事優先、人命軽視の表れとしか思えない」「一歩間違えれば私たちの頭上に落ち、死んでしまう」「『またか』と慣れてしまうぐらい、米軍機による事故が頻発している。沖縄の状況は異常だ。いつか大きい事故が起きて、犠牲者が出そうで本当に怖い」「日本政府は沖縄の危険な現状をしっかり見つめ、日米地位協定の改定も含め、より強い態度で米側と向き合ってほしい」「あきれて物が言えない」「部品が落ちることが日常化してしまっている。本来なら事件・事故は非日常のことなのに、逆転した状態になっている」「人的被害がなければ問題ないとなっている。米軍は安全管理に対する意識が薄いんじゃないか。日本政府は強く抗議すべきだ」等々は、同基地周辺の住民から上がる怒りや不安の声（沖縄タイムス、10月22日付）。

放射性物質の除染は被害者がすべきなの!?

東京新聞（10月22日付）は、台風19号の大雨の影響で21日までに、東京電力福島第一原発事故後の除染で出た廃棄物を入れた袋「フレコンバッグ」が、福島県内の仮置き場4カ所から計54袋も河川に流出したことを取り上げている。

環境省は、いずれも回収地点周辺の水質や空間線量に影響は確認されていないとするが、「……それ以前の問題だ。（フレコンバッグを）流すこと自体がおかしいでしょ」と語気を強めるのは、震災前まで同県飯舘村で酪農を営んでいた長谷川健一氏（66）。

さらに糸長浩司氏（日本大学特任教授、環境建築学）は「……フレコンバッグの流出は問題だが、原発事故で飛散した放射性物質が残る山の表土の方が遙かに大きな問題だ」と指摘する。糸長氏の試算によれば、飯舘村の山の表土を深さ5㎝で削り取ると、約860万袋にもなるとのこと。

さてここで問題です。原発事故で飛散した放射性物質は誰のものでしょう。

答えは「被害者」であることを、NHK「おはよう日本」（10月17日）が放送した「原発事故〝土から放射性物質 取り除いて〟農家の訴え」が教えている。福島県の農家らが、原発事故前の農業を取り戻したいと、金銭的な補償は一切求めず、農地から事故で飛散した放射性物質を取り除いて欲しいという一点だけを求めて、2014年に東京電力を訴えた裁判で、10月15日裁判長は原告の訴えを退けた。

「原発から飛散した放射性物質はすでに土と同化しているため、東京電力の管理下にはなく、むしろ、農家が所有しているといえる。故に、東京電力に放射性物質を取り除くよう請求することはできない」、というのが主な理由。

この判断に従えば、放射性物質の除染は、望みもしない「所有者」となった無辜《むこ》の被害者がやらねばならない。目も耳も疑う判決と言わざるを得ない。国民の生存権を蔑ろにし、加害者そして国の責任すら言及しない、不当判決である。

改悪水道法、米軍機部品落下、そしてこの不当判決、これらに共通するのは憲法25条の蹂躙である。

「地方の眼力」なめんなよ

受験生をもてあそぶな

（2019・10・30）

文化庁の2018年度「国語に関する世論調査」は、「憮然《ぶぜん》」や「砂をかむよう」などの意味の誤用が多いことを明らかにした。ドキッとした人も少なくないはず。当コラムも憮然として立ちつくした。

では、萩生田光一文部科学相によって一躍時の言葉となった「身の丈」の意味は如何であろうか。実用日本語表現辞典によれば「衣服などが背丈、体の大きさにぴったり合っているさまなどを意味する語。転じて『分相応』という意味で用いられることも多い」とのこと。「分相応」とは、広辞苑によれば「身分や能力にふさわしいこと、また、釣り合っていること」。萩生田氏は、「自分の都合に合わせて」と、都合良く誤解されていたようだが。

「身の丈」発言の概要

萩生田氏による「身の丈」発言とは、10月24日夜放送のBSフジ「プライムニュース」で氏が発したもの。大学入学共通テストに導入される予定の英語民間試験について、「お金や場所、地理的な条件などで恵まれている人が受ける回数が増えるのか、それによる不公平、公平性ってどうなんだ」と、コメントを求められ「それ言ったら、『あいつ予備校通っていてズルいよな』と言うのと同じだと思うんですよね。だから、裕福な家庭の子が回数受けて、ウォーミングアップができるみたいなことは、もしかしたらあるかもしれないけれど、そこは、自分の身の丈に合わせて、2回をきちんと選んで勝負して頑張ってもらえば」と答えた。これが身の丈発言の核心部分。わざわざ「裕福な家庭の子」を持ち出している点が、氏の本音を語っている。

さらに、聞き捨てならないのが、都市部の受験生と比べて経済的負担が大きくなる地方の受験生について、「人生のうち、自分の志で1回や2回は、故郷から出てね、試験を受ける、そういう緊張感も大事かなと思う」と語ったことである。試験は可能な限り同一条件で行わねばならない。そのための条件整備を放棄した人は、当該大臣として不適材者。

破綻している英語民間試験

この英語民間試験の導入については、当初より「経済格差・地域格差」問題を含め、さまざまな問題点が指摘されていた。

鳥飼久美子氏（立教大学名誉教授・通訳学）は、10月16日放送のＮＨＫ「視点・論点」で、その制度設計にある構造的欠陥を鋭く指摘している。その要点は、次のように整理される。

（1）民間試験は学習指導要領に従うことを義務付けられてはおらず、出題内容を公表しない。民間試験対策に追われることは公教育の破綻につながる。民間試験対策が高校教育をゆがめることになる。

（2）認定された民間試験は7種類あって、それぞれ目的や試験の内容、難易度、試験方法、受検料、実施回数などが違う。

（3）1回６０００円くらいから2万数千円の受検料がかかる。最低でも2回で保護者の経済的負担は大きく、家庭の経済格差が影響する。また、地域によっては交通費や宿泊費がかかるなどの地域格差も生じる。加えて、障害のある受検生に対するキメ細かい配慮が準備されておらず、「障害者差別解消法」違反の疑いも指摘されている。

（4）どのような資格を持った人が、どこで、どう採点するのかを明らかにしていない事業者もあり、公正性や透明性が問題。

（5）パソコンやタブレットを使う場合、トラブルの発生は避けられない。「民間事業者等の採点ミスについて、大学入試センターや大学が責任を負うことは基本的には想定されません」が、文科省の見解。さまざまなリスクへの対応コストを民間事業者がどこまで負うのかが不明など、責任の所在が不明確。

（6）共通テストの一環である英語試験を実施しながら、問題集などを販売するといった、対策指導で収益を上げることの道義的責任問題。また、高校を会場にし、高校の教師が試験監督者となることも可能となっていることから生じる問題。

（7）「話す」ことを正確に評価するのは極めて難しい。「話す力」を入学選抜に使うのは無理がある。

受験生を受難者とするなかれ

まさに問題だらけ。全国高等学校長協会も導入延期を求めている。そして、野党4党（立憲民主、国民民主、共産、社民）は24日、学校関係者や生徒らの理解を得られるまで利用を延期させる、いわゆる「民間英語試験導入延期法案」を国会に提出した。東京新聞（10月25日付）は、提出後の記者会見に同席した高校生から出された「不安ではなく不満、危機感が強い。この問題は政治的な競争ではない。与野党を問わず、しっかり審議してほしい」「（早い段階から試験対策に迫られ、学校行事などに参加できなくなるとし）私たちが大切にしているものと引き換えにするほどの意義があるのか」といった、率直な意見を紹介している。

この試験、既に破綻している。にもかかわらず、29日の閣議後の記者会見で萩生田氏は、「さまざまな課題があるのは承知の上で取り組んできた。さらに足らざる点を補いながら、予定通り実施したい」と、性懲りもなく語っている。

鳥飼氏の指摘を見れば、この試験は受験生を受難者とする欠陥だらけの代物。白紙に戻し、一から考え直すべきである。

東京新聞（10月29日付）の「こちら特報部」において、寺沢拓敬氏（関西学院大学准教授・教育政策）は「延期さえできない理由が分からない」と首をひねり、「文科省の官僚も問題があることは分かっているはず」とした上で、「首相官邸レベルで意思決定がされていて、『やる』という枠が上からはめられ、やらざるを得ないのだろう」と語っている。

受験生を苦しめて、何を得るのか

寺沢氏の指摘に「既視感」がある。登場人物も萩生田氏と来れば、加計学園問題しかない。

加計学園の大学獣医学部新設に関する「10／21萩生田副長官ご発言概要」という文書には、「官邸は絶対やると言っている」「総理は『平成30年4月開学』とおしりを切っていた」などと記されていた。内閣府職員が文科省職員に送ったメールには、萩生田氏と藤原豊氏が認可条件の案を「広域的に獣医学部が存在しない地域に限り」とするよう指示したことが示されていた。

しかし文書の内容を全否定し、因縁深き文科省のトップとなる。加計学園の加計孝太郎理事長とも浅からぬ仲という状況証拠があるにもかかわらず、「自分は関係ない」といえる輩ですから、どんなことでもやります、やらせます。

そういえば、この共通テストに参加する「GTEC」は、ベネッセコーポレーションが実施している英語4技能検定。岡山市に本社を置くベネッセコーポレーションは、この試験制度をにらんで数年前から熱心に準備をしていた。かなりの投資をしてきたはず。ご近所には立派な指南役もいる。役者は揃っている。死に物狂いで実施圧力をかける、とはゲスの勘ぐりか。

強引に実施されるというシナリオの前で、受験生側には、泣き寝入るのか、それとも受験生全員が当該テストを受けずに、民間英語試験制度そのものを無効化するのか、苦しい選択が突きつけられている。受験生を苦しめて、何を得る

のか。萩生田！「地方の眼力」なめんなよ
（2019・11・06）

森や樹木を怒らせるな

東京新聞（11月5日付夕刊）は、中国に次ぐ世界第2位の温室効果ガス排出国である米国が、「パリ協定」（地球温暖化の深刻な被害を避けるための国際協定）離脱を正式に通告したことを伝えている。ポンペオ国務長官は「（協定が）米国の労働者やビジネスに不公平な経済的負担を強いるため」と離脱の正当性を強調しているが、そこに未来や他者へのまなざしは感じられない。あるのは、2020年の大統領選に向け自国の石油、石炭業界などの支持層にアピールする狙いのみ。

若者たちを中心に、地球温暖化対策を求める声が広がる中での離脱通告で、米国への批判が強まることは必至。荒畑寒村氏流に言えば、「大めし食って、大糞たれ続けている国が、汚物の後始末を放棄した」恥ずべき決定である。

ダムが造れたら、それでよかとね!?

「災害は我々にとって追い風」と発言したのは、長崎県の河川課長。決して国会議員ではない。毎日新聞（11月2日付、地方版）によれば、当コラム（2019年9月11日付）でも取り上げた石木ダム事業をめぐり、10月30日にダム建設推進派の県議らが開催した意見交換会での発言。

冒頭を除き非公開の会合で、集まっているのが推進派のため、本音が出たのであろう。さすがに、その場でもたしなめる声が出たという。「ダムは必要だが、台風19号などで多くの死者が出て、避難生活を強いられている人たちがいる中では軽率だ」とは、出席議員のコメント。課長は「長崎大水害後にも理解をいただいて、かなりの方に（河川整備のための）移転をしてもらっている。そうした観点から発言した」と弁解したそうだが、それで済む話ではない。

テレビ長崎は11月5日のニュースで、同日ダム建設反対派の地元住民約40人が長崎県庁を訪れ、「目的の失われたダム建設を強行しようとする認識の表れであり、未だ災害に苦しむ全国の被災者を愚弄するもの」（石木ダム建設に反対する川棚町民の会代表　炭谷猛氏）と、抗議した。

「撤回の方向と言ってもいいのか」との記者の質問に対して、県土木部次長は「そうであれば本人の口から言うべきだし、私からも注意しましたし、本人も『適切ではなかった』ということははっきり言っている。現段階ではそこまでお願いしたい」とのこと。しかし、謝罪会見を開くかどうかは明言を避けたそうだ。

謝罪しようが、撤回しようが、本音も性根も変わらない。もちろん、ダム建設でふるさとを奪われる人たちや、苦しい生活を強いられている被災者の心に負わせた傷は、生涯消えることはない。

決して追い風ではない

農業協同組合新聞（10月30日付）で、森田実氏（政治評論家、山東大学名誉教授）は、まず「超大型台風が来ても耐えられる強靭な日本社会をつくることは政府の責任」としたうえで、「防災において大事なのは『治山治水』」とする。しかし、近代以後の日本の歴史を振り返り、「第二次大戦中と戦後の高度経済成長期を通じて、治山治水の政府の努力は不十分」とする。そしてこの度の台風19号がもたらした大被害の原因が、「この百年間『治山治水』をなおざりにしてきたことにある」として、安倍内閣に「『治山治水』が不十分だったことを率直に認め、今後『治山治水』に政府の総力をあげて取り組むことを誓うべき」と、提言する。

さらに、「あばれ天竜」といわれた天竜川の水害を防ぐため、私財を投じ、天竜川の堤防整備につとめ、加えて天竜川流域の山林を整備するため大規模な植林事業に取り組んだ篤志家金原明善を紹介し、内部留保に余念のない大企業に対して金原翁の爪の垢でも煎じて飲むことを奨めている。

また、「天地は不仁。万物を以て芻狗と為す」（小松注：芻狗《すうく》とはお祭りに使われるワラで作った犬の模型のこと。祭りが終われば捨てられるもの）という老子の教えを引き、天地自然が時には我々人類に苦難をもたらすという冷酷な現実を謙虚に認め、自然災害に立ち向かわなければならないとする。

最後に、「治山治水」の大本ともいえる農業と林業の再建を求め、「防災政策の大転換と治山治水の推進」を政府に求めている。

森林政策は防災政策

東京新聞（10月28日付）の社説も、「豊かな山林は災害から国土を守る〝鎧《よろい》〟ではなかったか。それをはぎ取るような政策は改めるべきではないか」と訴え、現政権の森林林業政策を「『治山治水』の考え方に反している」とする。

安倍政権が成長戦略の一環として、民有林の経営管理を「意欲ある林業経営者」に集約、伐採と生産を促進する方針を打ち出したことを受け、大規模伐採に向かう森林所有者が増えた。これに、この6月に成立した改正国有林野管理経営法が拍車をかけたとする。改正法では、伐採可能な面積と期間を大幅に拡大し、大企業の参入を促したが、「伐採者に切った後の再造林、森林再生の義務を課さないこと」を問題視する。その結末が、「持続不可能な林業」をもたらすことを危惧してのこと。

恒例化する大型台風の襲来に対して、保安林だけでは国土を守れない。ゆえに、森林政策を防災政策と位置付け、「温暖化に適応し、国土と命を守る防災という観点を重視して、森林・林業政策を考え直すべき」だとする。

納得できない森林環境譲与税の配分

総務省は9月30日、森林整備に関する自治体の施策に充てる森林環境譲与税を各自治体に初めて配分した。総額約100億円を森林面積や人口などに応じて分け、最も多いのは横浜市の7104・4万円、これに浜松市の6067・1万円、大阪市の5480・3万円が続いている。同譲与税の創設目的は、森林の間伐や林業の担い手確保、木材の利活用推進などだが、5割を私有の人工林面積、3割を人口、2割を林業就業者数とする基準にのっとって配分した結果、人口が多い都市部の額が多くなった。

これは腑に落ちぬとしているのが、岩手日報（10月28日付）の論説。岩手県内33市町村の単純平均が740万円余りと1桁違う。人口の少ない市町村はおおむね配分も小さく、全国的にはわずか1万円程度の所も目立つとのこと。

前述の配分方法からとはいえ、「森林も林業もない大都市に手厚く、森の荒廃に悩む過疎地の恩恵は少ない」という事態は、「荒れた森林を整える。林業を活性化し、人材を育てる」ための財源としての森林環境譲与税も納得しないはず。

また、地方の間にも私有人工林の多い自治体には手厚いが、広い森林があっても人工林率が低いと極めて少ない、という問題点も指摘し、「今の仕組みで、幅広い納税者の理解が得られるだろうか」とし、林業振興の原点に立ち返り是正を求めている。

加えて、「地方創生が進まないのは、税収が大都市に偏ることも大きい。お金が地方に回ることが大事だ。18年度に消費税の配分を地方に厚く改革した例もあり、見直しを期待する」と、穏やかに結んでいる。しかし、森や樹木は待ってはくれない。

「地方の眼力」なめんなよ

（2019・11・13）

石木ダム建設はおやめなさい

「知事、私たちの声が聞こえませんか？　私たちは、ただ普通の暮らしを続けたいだけなんです」

これは「石木ダムを断念させる全国集会in川棚」（川棚町公会堂、11月17日13時30分開会）を伝えるパンフレットに記された、長崎県川棚町川原《こうばる》地区に住む人々の心からの言葉。集会の翌日が家屋明け渡し期限。

知事！　あなたの裁量でダム建設は止められるそうです

少し早いが、この集会における集会宣言（案）を抜粋して紹介する。

今年9月19日、こうばるの13世帯の土地は全て強制収用されてしまった。しかし、人々はこれまで通りそこで暮らし、田畑では作物が実っている。

土地収用法を根拠としても、60人近い人々を力づくで追い出すことなど人道上できるわけがない。しかし、法的には不法占拠という状態におかれ、住民は様々な不利益を被ることになる。また、建設工事への抗議行動は9年以上に及び、心身ともに疲労の蓄積は限界を超えている。これほど住民を苦しめる事業が公共事業と言えるだろうか。しかも、ダムの必要性は既に失われているというのに。

石木ダム計画において県は、最初から「石木ダムありき」でダムを造らんがための推進姿勢であった。佐世保市も県の言いなりで、長年漏水改善等に怠慢なうえ、市の水需要予測は時代を見据えない過大な計画の継続であり、まったく根拠のない「石木ダムありきの数合わせ」をやってきた。

私たちは、この集会で石木ダムは治水利水の両面で全く不要であり、知事の裁量で見直しすればダムは止まることを改めて学んだ。私たちは、一日も早く長崎県と佐世保市に石木ダム建設を断念させ、こうばるの皆さんの人権回復を実現させたいと願っている。

この集会では、「知事の裁量で見直しすればダムは止まる」と題して、嘉田由紀子氏（参議院議員、元滋賀県知事）が講演する。

岩見県土木部長！　イヤミじゃないけど「グリーンインフラ」をご存じですか

西日本新聞（11月12日付、長崎北版）によれば、当コラムが前回取り上げた、頻発する豪雨災害をダム建設の「追い風」とする県河川課長の発言に関連して、ダム反対派住民らが11日に県庁で抗議した。「責任を課長に負わせ、逃れようとしている」として中村法道知事の謝罪を要請したが、応対した土木部次長は「（対応は）十分だ」と語っている。ちなみに、更迭されてもおかしくない暴言課長、発言を撤回すれども謝罪なし。自らが吹かせた向かい風が収まるのを、ただただお待ちのようだ。

彼の上司である県土木部長岩見洋一氏は国土交通省からの出向者。その省が、実に興味深い戦略の遂行に着手していることを岩見氏はご存じないのだろうか。

「インフラは、暮しや産業を支える社会基盤だ。成長期にはダムや道路などが主流だった」で始まる、日本農業新聞（11月10日付）の論説は、今注目されている「グリーンインフラ」を取り上げている。

国土交通省総合政策局環境政策課による資料『『グリーンインフラ推進戦略』について』（2019年10月9日）では、グリーンインフラを「社会資本整備や土地利用等のハード・ソフト両面において、自然環境が有する多様な機能を活用し、持続可能で魅力ある国土・都市・地域づくりを進める取組」と、定義している。

論説は、「自然や農業の持つ多面的な機能を社会や国土づくりに生かす取り組み」で、持続可能な成熟社会づくりの新たな手法と位置付け、「コンクリートからグリーンへ。今、インフラの概念が大きく変わろうとしている」と、期待を込めて伝えている。

欧米では1990年代後半から進めてきたが、我が国では2015年の国土形成計画で初めて取り上げたとのこと。そして今年7月に先述した「グリーンインフラ推進戦略」を国交省が策定した。

そこに描かれているのは、「農業の多面的機能そのもの」で「『農のある街づくり』『自然と共生する社会』と言い換えてもいい。国連が定めた『持続可能な開発目標』（ＳＤＧｓ）とも重なる」と、評価する。

さらに国交省の担当者が、グリーンインフラを「これからの国づくりの一丁目一番地」と位置付けていることを紹介し、「地域資源とそれを生かすノウハウ、人的ネットワークを持つＪＡの役割に期待する」と、論説を締めている。

これからは、コンクリートではなくグリーンが国づくりの土台であることを、ダム推進派は謙虚に学ぶべきである。

毎日新聞（11月10日付）において藻谷浩介氏（日本総合研究所主席研究員）も、今年の豪雨による浸水被害を取り上げ、「お金をかけるべきはダムの新設ではなく、上流での山林の手入れと中・下流での遊水地機能の整備回復だ。前者には数十年、後者には１００年以上かかるかもしれない。だが今から地ならしを始めなければ、何も進展しない。人口が半減し、ダムの老朽化が各地で深刻な問題となるであろう未来に向け、治水哲学の根本を転換させるときである。できることには今日手を付ける。すぐにはできないことがあれば、仮に１００年かかることであっても、今日から地ならしを始める。それが未来世代に向けての、現役世代の責任ではないだろうか」と、グリーンインフラの整備を提言している。

農協は自民党で、推進派。いっちょん好かん

当コラムも11月10日に現地を訪ね、地元住民から話を伺った。集まっていただいた女性たちには、「この3年間は毎日座り込みで、病院にもなかなか行けない」「知事をはじめとする建設推進派は、私たちが死ぬのを待っている」「（水の供給先である）佐世保市民でさえ、水は足りている。住んでいる人たちを追い出し、地域を壊してまでダムを造る必要はない、と言って応援に来てくれている」「住み慣れたここが一番好き。絶対に出て行かない」などと、泣き笑いで語っていただいた。

ＪＡ関係者として悲しむべきことだが、一番盛り上がったのが、ＪＡの姿勢を問うた時だった。

間髪を容れることなく、「農協は自民党」「農協は推進派」「百姓がいじめられて助けて欲しい時に、いじめる側に付いている。不思議か〜」「農協は、いっちょん好かん（大嫌いです）！」等々の、恨みつらみが次から次に出された。

「農地が我らの命なら　命をかけて戦うぞ　中村県政なにものぞ　我らの前に敵はなし」（石木ダム絶対反対の唄：3番）という歌詞をどう聞く、JA関係者。

掛け替えのない山河や農地、そして組合員の営農と生活を壊すことで入ってくる補償金を当てにしてのダム建設推進ならば、農業協同組合の看板を即刻下ろすべきである。

「地域資源とそれを生かすノウハウ、人的ネットワークを持つJA」であるならば、今からでも反対運動に加わるべきである。

「地方の眼力」なめんなよ

（2019・11・20）

自治から始める

「法を犯した芸能人の逮捕に、必要以上に大騒ぎしなくていいです。私たちの暮らしに支障はありません（擁護ではありません）。騒ぐべきは、政治家や特権階級の人たちが法を犯しても逮捕されてない現実にです。私たちや子どもたちの未来に関わってきます」と、ツイッターで発信しているのは東ちづる氏（女優、11月16日）。

「大切な県民」とは笑止千万

西日本新聞（11月18日付）によれば、前回の当コラムで取り上げた「石木ダムを断念させる全国集会in川棚」が17日に700人の参加により行われ、「ダムは治水、利水の両面で全く不要。一日も早く断念させる」という宣言文を採択した。

翌18日には、反対する住民が同宣言文を携え長崎県庁を訪れ、「河川改修など他の方法をやり尽くしてからダムを検討するべきだ」と訴えたことを、同紙の夕刊が伝えている。

「行政代執行は選択肢から外さない。ダムで恩恵を受ける川棚町の人たちは大切な県民だ」とは、対応した副知事の弁。

「そんな態度だから話し合いができない。私たちは県民ではないか」と住民側は反発。会場には怒号が飛び交う。

根拠喪失のダム建設で、住民の生活とふるさとを平気で破壊する地方自治体のNo.2が「大切な県民」とは、笑止千万。

「平成の大合併」がもたらした「心の空洞化」

日本弁護士連合会（以下、日弁連）の取り組みが、地方自治のあり方に一石を投じた。

日弁連は11月6日にシンポジウム「平成の大合併を検証し、地方自治のあり方について考える」を開催し、「合併・非合併市町村の人口動態等の分析」と「現地調査で判明した実態」を報告した。

朝日新聞（11月7日付）に基づけば、報告の核心部分は次の2点。

（1）合併を選択しなかった人口4000人未満の町村と、それらに隣接し人口規模などが似る合併した旧町村、47

組を比較した結果、2005年（3組は00年）と15年の国勢調査に基づく人口の減少率は、43組で合併した町村の方が高かった。

（2）人口に占める65歳以上の高齢者の割合（高齢化率）の上昇幅も41組で合併旧町村の方が高かった。

日弁連は、合併効果に疑問を抱かせる結果の一因に、「旧町村地域の役場機能の縮小」をあげている。合併した旧町村は、和歌山県の旧本宮町（現・田辺市）を除くすべてで、役場の職員など公務員人口が減少。合併しなかった旧町村では、18町村しか減少していないからである。

しかし、65歳以上の高齢者数がほぼピークを迎える40年ごろを見据え、安倍晋三首相の諮問機関「地方制度調査会」（以下、地制調）では、隣接する自治体が連携、補完する「圏域」構想も検討が進んでいる。

「新たな自治のあり方の議論の前に、平成の大合併の検証をするべきだ」とは、調査を行った日弁連の小島弁護士。

「仮に国が合併した自治体に検証を求めても、失敗だったと認めにくい。検証は難しいだろう」とは、総務省幹部。

いずれにせよ、役場の喪失が、住民の「心の空洞化」を加速させたことは間違いない。

「圏域」構想への危惧

朝日新聞（11月12日付）の社説は、平成の大合併において、「アメ（合併すれば得られる有利な特例債）とムチ（将来の財政不安の指摘）で、自治体に行財政の効率化を迫った」ことから、「政府には合併の功罪を検証する責任がある」とする。

そして、「実態はどうなのか。福祉や教育、産業や観光振興、議会、財政指数など幅広く、政府自身の手で検証」し、「その結果に基づいて自治体の将来像を探れば、地方制度づくりに説得力が増す」とする。

「圏域」構想に関しては、すでに小規模自治体に大合併と同様に、切り捨てられないかとの懸念が広がっていることを指摘し、「自治体の将来像は政府の姿とともに構想すべきだ。その際には地方分権が欠かせない。この視点に乏しい地制調への不信感も各地にある」ことを伝えている。

信濃毎日新聞（11月8日付）の社説は、「圏域」構想に関して、「事実上の合併に近い。人口減少に合わせて機能や権限を中心部へ集約する発想」とするとともに、「東京一極集中の是正に向けて全国82市を国が重点支援する『中枢中核都市』も、同じ方向を見ている」とする。

「中心部にモノやカネを集中させても、より大きな中心へ人口が流出する流れは止められない。東京一極集中が解消しないのも、地方行政が合理化、効率化でやせていくことが一因」とした上で、「実情は地域で異なる。『平成の大合併』を教訓にすれば、地域のコミュニティーをできるだけ維持する視点は欠かせない。国は一律的な施策を押しつけるのでなく、自治体と住民が主体的に描く未来像を多面的に支援すべき」ことを強調する。

高知新聞（11月17日付）の社説も、「平成の大合併」の功罪について、「(国は）きちんとした検証を怠っているのではないか。少なくともデータや現地調査などを用いた、総合的な検証が行われた形跡はない」とし、「検証で得られる教訓なしに、地方自治体の未来図は描けない」とする。にもかかわらず、国が「圏域」構想に進もうとしていることに疑問を呈している。

「圏域」構想が、自治体側と十分な対話のないまま出されたことから、地方自治体の側には、市町村の独自性が維持できない懸念のほか、国主導で議論が進むことへの警戒感があり、理解は得られていない、とする。さらに、「圏域は地域の中心的な都市と周辺市町村で構成する。中心市はいいが、小さな自治体が衰退」することを危惧している。

売国・亡国の2887日

信濃毎日新聞（11月20日付）の社説は、安倍首相の通算在職日数が憲政史上で最長となったことを取り上げ、「超長期政権は安定的に政策を打ち立て、直面する課題を解決できたはずだ」が、実情を見れば「実績を残してきたといえるのか疑問」とする。

「少数意見に耳を傾け、話し合いで妥結点を探る民主主義の過程は軽視」「説明責任を果たさない姿勢は、現在問題となっている『桜を見る会』に対する自身や事務所の関与でも共通している」と指弾する。

「このままでは歴史に残るのは、在職日数だけになりかねない」と心配するが、国民を愚弄し、倫理観を喪失させ、政治への諦観を蔓延させ、この国の限りある有形無形の資源を他国に売り渡し、戦争への道までも拓いた、許しがたき売国かつ亡国の首相として、歴史に残ること間違いない。

だからこそ、「自分たちのことは自分たちで処理する」という「自治」を取り戻す、地道な努力を積み重ねていかねばならない。

「地方の眼力」なめんなよ

「通識」と「常識」（2019・11・27）

11月27日、NHK総合7時台の「おはよう日本」は、香港の高校で10年前に必修化された「通識」教育を紹介した。若者を中心とする抗議活動や勢いの背景に、この教育の影響があることを示唆。生徒が議論をしながら理解を深めていくユニークな科目であることを伝える興味深い内容であった。もちろん、危機意識を持つ親中派の動きも紹介した。

にもかかわらず、「ベ・ツ・ニ」と唾棄したき者については放送し、「桜を見る会」関係は放送せず。

「通識」教育の成果が問われる

東京新聞（11月27日付）によれば、香港政府の林鄭月娥《りんていげつが》行政長官は26日の記者会見で、デモ参加者らが掲げる「五大要求」を拒否する考えを強調した。選挙で示された民意が無視されれば、混乱がさらに深まる恐れがあることを伝えている。

西日本新聞（11月27日付）の社説も、行政長官の記者会見を受けて「一連の混乱を本気で収拾するつもりがあるのか疑問が残る」とする。そして「事態を動かすには中国政府の柔軟な対応が必要だ。中国共産党は10月末に『香港の管理強化』を打ち出している。香港の動向が国内や来年1月の台湾総統選に影響を及ぼさないよう締め付けの強化が懸念される。だが、『一国二制度』を尊重し、香港政府に一定の裁量を与えることが本筋」とする。民主化を求める人々にも「暴力に訴える過激な行動は慎むべきだ」とした上で、「香港政府は対話によって混乱の収拾を図り、公正な選挙制度の実現といった政治改革を目指すべきだ」と提言。
香港政府高官も含めて、「通識」教育の成果が問われている。

安倍族に「常識」教育を

共同通信社は全国の有権者を対象に11月23、24日に世論調査を行った（対象者1962人、回答率52・7％）。「桜を見る会」についての主な結果は、次の2点である。

（1）同会に安倍晋三首相の地元支援者が大勢招待されていたことについて：「問題だと思う」59・9％、「問題だとは思わない」35・0％

（2）同会を巡る安倍首相の発言について：「信頼できる」21・4％、「信頼できない」69・2％

地元支援者の招待を問題視しない人や、首相発言を信頼する人は決して少なくないが、驚きや落胆は禁物。

西日本新聞（11月27日付）によれば、田村智子参院議員（共産党）が、内閣府から提供された2014年の資料には「総理、長官等推薦者」に「3400」と明記されていることを紹介し、招待者数が年々増加する中で、今年の推薦枠が14年よりも減って「約2000人」というのは不自然と追及した。

またその記事に続いて、菅義偉官房長官が26日の記者会見で、反社会的勢力の出席について問われ、「出席は把握していなかったが、結果的には入ったのだろう」と述べたことと、菅氏と反社会的勢力のツーショットについては、自ら「いつの時か全く分からない状況だ」とも語った記事が載っている。

菅氏には、反社会的勢力各位の功績と功労を明らかにすることと、ツーショットへの明確な説明が求められる。

安倍族が図らずも教えてくれているのは、彼らに「常識」教育が必要なことである。

河北新報が問いかけるＪＡの政治姿勢

河北新報（11月16日付）によれば、吉村美栄子山形県知事の資金管理団体による政治資金パーティーで、山形県内の15ＪＡと連合会が拠出した資金で活動し、県農協中央会に事務局を置く任意団体「山形県農協農政対策本部」（県農政対）が、１人１万円の券75人分を購入しながら半数近くが欠席する運用を繰り返していた疑いがあることを伝えている。

問題のポイントは、この県農政対が、個人加入の政治団体「県農協政治連盟」（県農政連）とは別組織の任意団体という点である。

上脇博之氏（神戸学院大学教授、憲法学）は「任意団体など、政治資金規正法で『その他の団体』に分類される団体が資金管理団体のパーティー券を購入し、欠席した場合は違法な寄付になる。寄付が認められる個人や政治団体とは事情が違う。県農政対と支援する会（小松注：吉村氏の資金管理団体）は欠席分を精算するなどして、寄付と見なされないよう細心の注意を払う必要があった。何度も大量欠席が続いていたとしたら、意図的であり悪質だ」とコメントを寄せている。

さらに同紙17日付では、この問題に対するＪＡ幹部や組合員からの批判の声に加えて、外部からのコメントを紹介している。

山田創一氏（専修大法科大学院教授、民法）は「最高裁の指摘を重視するなら、政治献金が許されるのは、構成員の思想・信条の自由を侵害しない場合に限られる。今回の事例のようなパーティー券購入が対価に関係なく実質的な寄付とみられる場合は、組合員の思想・信条の自由を侵害し、農協の目的の範囲外だと考えられる」との見方を示した。

当コラムは「農協グループが自己改革を進める中、まず正すべきなのは、こうした不明朗な行政、政治との関係や金のやりとりだ。組合員に説明し、納得の得られない運営はするべきではない」ことを強調した。

ＪＡ全中に「代表機能」は担えない

日本農業新聞（11月20日付）の1面に、ＪＡ全中が19日にＪＡ代表ら約９００人が参加する「食料・農業・農村振興フォーラム」を開き、与党政策責任者と意見交換をしたことが載っている。皮肉なことに同じ紙面に、19日の衆院本会議で日米貿易協定の承認案を与党などの賛成多数で可決、参院に送った記事も載っている。そこでは、政府・与党が要求資料の提出を拒み、野党が反発して退席が相次ぐなど対立が激化し、審議時間もわずか11時間だったことが紹介されている。

我が国の農業に多大な影響を及ぼす協定の審議に、極めて不誠実な対応しか取らなかった与党の政策責任者とどのような意見交換をしたのか。そして野党のしかるべき議員と「食料・農業・農村」問題について意見交換をする予定はあるのか。

農業者もＪＡ役職員も多様な政治信条を持っている。すべての政党と、しっかりと意見交換をすることこそが、広く国民にこれらの問題に関心と理解を示してもらう入口になるはず。それを怠って、国民に広く理解を求めるとは、常識の欠如した人の発想である。ＪＡ全中のＨＰには、自らが果たすべき機能として代表・総合調整・経営相談が上げられている。そして代表機能については、「組合員・ＪＡの共通の意思の結集・実現をはかります」と記されている。

このフォーラムのどこに「共通の意思」があるのか。悲しいかな、「代表機能」を担う資格をＪＡ全中は自らの手で捨て去った。

「地方の眼力」なめんなよ

反社会的安倍政権を許さない

（2019・12・04）

石破茂17・8%、安倍晋三15・6%、小泉進次郎13・3%。これは、共同通信社が全国の有権者を対象に11月23、24日に行った世論調査（対象者1962人、回答率52・7%）でなされた、「次の首相にふさわしいのは誰」との質問に対する上位3人の回答率。対象者は8人で、「この中にはいない」が26・9%もあったが、石破氏が安倍氏、小泉氏を抑えて第一位になったことには注目しておかねばならない。

身内でも意見が違えば冷遇

石破氏の伸びに危機感を抱いた安倍氏の指示か、殿の胸中を察してのことか、石破つぶしの動きを毎日新聞（11月29日付）が伝えている。11月28日の衆院憲法審査会で国民民主党の玉木雄一郎代表に疑問を投げかけられた石破氏が、数度にわたって発言を希望したが、佐藤勉審査会長（自民党）から指名されないまま審査会は終了。石破氏は机をたたいて不満をあらわにし、周辺に「全然当たらない。民主主義国家としてどうなのか」と漏らしたそうだ。

残念ながら、その指摘はまったく当たらない。お腹立ちはもっともだが、安倍族によってこの国の民主主義は破綻寸前。石破氏を含む自民、公明の議員たちも阻止する動きは見せなかった。彼らには、加害者であったことを反省し、民主主義国家再建に立ち上がれるかどうかが、問われている。

破綻する農業成長戦略

破綻といえば、農林水産省が所管する官民ファンド「農林漁業成長産業化支援機構（A－FIVE）」が新規投資を停止する方向で調整に入ったことを毎日新聞（11月22日付）が伝えている。累積損失が100億円規模に膨らみ、2019年度に入っても投資額が伸びないため、農水省や財務省はこのままでは収支改善が困難と判断し、早ければ20年度末までに新規の投資業務を停止する可能性があるとのこと。「あり方を抜本的に見直したい」という江藤拓農水相の表明と、財政制度等審議会分科会で有識者から解散を求める意見が出たことも紹介している。

同日の西日本新聞も、「安倍政権にとって農林水産業の成長産業化に向けた取り組みの一つが、つまずいた格好だ」「不振のまま事業を終えれば国が投じた資金を回収できず、国民につけが回る恐れがある」と、警告を発している。

「これ以上傷口が広がらないよう廃止に向かうのは当然」とするのは、北海道新聞（11月28日付）の社説。14ある官民ファンドはアベノミクスの成長戦略の目玉に掲げられ、多くは第2次安倍政権発足後につくられたが、「一部で採算を軽視した投資が繰り返されてきた」とする。江藤氏が、後継組織を立ち上げる考えを示唆していることに対して、単なる「看板の掛け替え」に終わらせてはならないと、くぎを刺す。

さらに、日本の文化を海外に売り込む「クールジャパン機構」など4つの官民ファンドの収益が低迷していることから、「官民ファンドが不振のまま事業を終えれば国の資金を回収できず、国民につけが回る恐れがある」とした上で、「関係者の責任が厳しく問われなければならない」とする。

主要農作物種子法の轍を踏むな

日本農業新聞（11月29日付）によれば、自民党は11月28日の農林合同会議で、２０２０年の通常国会での種苗法改正に向けた政府への提言を決定した。新品種の流出を防ぐため、海外への持ち出しを規制し、品種登録した品種（登録品種）の増殖は、農家が次期作用に自家増殖するものも含めて許諾制とするのが柱、とのこと。

とりまとめにあたった武部新氏（自民党野菜・果樹・畑作物等対策委員長）は「日本で開発した品種が流出して海外で栽培が広がり、日本からの輸出品と競合している。国内農業への影響が大変懸念される」と法改正の意義を強調している。

また、「自家増殖の許諾制」については生産現場に懸念があるため、「在来種や、品種登録されていなかったり登録期間が切れたりした『一般品種』の増殖は、制限されないことの説明も促す。利用者が許諾を得やすくし、農家に過度な負担とならないことも求める」そうだ。しかし、簡単に信じることはできない。何せ自民党からの発言ですから。

「消された『種子法』」（TPP交渉差止違憲訴訟の会・弁護団編、かもがわ出版、２０１９年）は、この改定案が大変な内容になることを見抜き、種々の反論を提供している。

まず、自家増殖、自家採種が原則禁止になると、農業者に莫大なコストがかかることを例示したうえで、我が国も批准している「植物の新品種の保護に関する国際条約」（UPOV条約）の14条、15条で、「合理的な範囲内で育種権者の権利を制限できるとなっているため、現在の種苗法を改定する必要はありません」としている。

また、我が国が開発した優良品種の海外流出を防ぐという法改正の意義については、「登録された育種権は現行の種苗法でも第三者への譲渡は禁止されているので、海外への流出を止めるには宮崎県が肉牛の種苗（精液）の流出を刑事告訴したように、現行法の範囲内でも十分に対応できます。海外の取り締まりをするには中国、韓国などで意匠登録などの商標登録、または育種登録をすれば足りる」ことから、法改正に意義は無いとしている。

廃止された主要農作物種子法の轍を踏まぬために、種苗法改悪を阻止する運動が求められている。

散らぬなら散らせてみせよう安倍桜

師走になっても満開の安倍桜。しんぶん赤旗（12月1日付）によれば、主要野党が参加する首相主催「桜を見る会」追及本部法務班は29日に郷原信郎弁護士の聞き取りを行った。

郷原氏は、安倍政権が公選法違反の追及を逃れようと、前夜祭の収支に安倍後援会は無関係だったかのように説明したことを「致命的な悪手」とする。なぜなら、「ホテル側が会費を設定し、自ら参加者から会費を徴収するのであれば、安倍首相や後援会関係者らも会費を払う必要がある」「支払えば安倍後援会としての支出が発生、後援会の政治資金収支報告書に記載がなければ政治資金規正法違反。逆に支払っていなければ『無銭飲食』となり、ホテル側がこれを見過ごした場合は、ホテル側が安倍後援会に企業・団体献金を行ったことになる」ことで、安倍氏らは説明不能に陥るから。将棋になぞらえて、「完全に詰んだ」とのこと。

東京新聞（12月2日付）によれば、2007年6月の犯罪対策閣僚会議の幹事会申し合わせで、反社会的勢力を「暴力、威力と詐欺的手法を駆使して経済的利益を追求する集団または個人」と定義している。これに従えば、現政権は反社会的勢力そのもの。詰んではいても、逃げ切りをはかるはず。それで済ませば我が国は反社会的国家と化す。散らぬなら散らせてみせよう安倍桜。

「地方の眼力」なめんなよ

埋没しない、させない、諦めない

（２０１９・12・11）

12月10日、政府は、反社会的勢力の定義について「その時々の社会情勢に応じて変化し得るものであり、限定的・統一的な定義は困難だ」とする答弁書を閣議決定した。驚きはしない、絶望的な気持ちを押し殺し、ただただ軽蔑するのみ。そもそも、反社政権に自分自身を定義することはできない相談。彼らの本音は、「安倍族とそれに尻尾を振る組織や人以外」が反社勢力ということだろう。自分らに不都合な用語を、速やかに勝手に解釈し閣議決定する。これが本当の「反社」神経。

涙の訴え、駄馬の耳に念仏

「テレメンタリー」は、ＡＢＣテレビ・テレビ朝日系列の全国24社が競作するドキュメンタリー番組。12月８日早朝に放送されたのは、長崎文化放送が制作した「はるなの故郷～ダムの里に生まれて～」。ダムとはこれまでも取り上げてきた長崎県川棚町に建設されようとしている石木ダムのこと。はるなとは、ダム建設に反対する松本家の長女晏奈《はるな》さん（17）。故郷と家を奪われる不安の中、ひたむきに青春を送る彼女に焦点を当て、公共事業と個人の権利のはざまで揺れる人々の思いに迫る、グッとくる内容であった。

９月19日、反対する人たちと一緒に長崎県庁を訪れた彼女は、「都会では味わうことができないことが川原《こうばる》では日常的に行われています」「思い出がたくさん詰まった川原の自然や風景が大好きです。ふるさと川原が奪われるのは絶対にいやです。帰る場所がなくなってしまうなんて考えたくもありません」と、涙ながらに訴えた。そして、「人口が減っているのに水が足りないというのは私には理解できません。きちんと説明すべきです。不要なダムのために私たちの家や土地を奪うのはおかしいと思います。私たちを含む、川原すべてのものを奪わないでください。私たちの思いをどうか受け取ってください」と、中村法道長崎県知事に読み上げた文書を手渡した。

この訴えから1時間後、中村氏は「これまで用地の提供等で協力いただいた多くの方もいらっしゃるわけですので、それぞれの方々の思いを大切にしながら、事業全体を進めていく必要がある。このことをあらためて感じたところです」と、報道陣に語る。典型的な、駄馬の耳に念仏。

石木ダムは科学的に見れば本当にいらないダム

長崎県があげてきた建設の目的は、「100年に一度の洪水対策」と「佐世保市の水確保」。しかし、専門家はそれを否定する。

今本博健氏（京都大学名誉教授、河川工学）は、「私はダムの全否定者ではありません。もともと土木の出身ですからダムのアレルギーもない。ただ、ダムができると環境が悪くなることがあるので、できるだけダムは最後の選択肢にしたい」と話す。2013年には全国の大学教授らに呼び掛け、125人で県や佐世保市に「石木ダムは不要」という申し入れをしている。

「ダムに費やすお金があれば河川改修はずいぶんできる。逆に、ダム計画のおかげで河川改修はなおざりにされている。川棚川（本流）の下流の方では結構改修が進んでいる。長崎県が言う以上に、（川棚の）河川は大丈夫。実は」と語り、人口の減少や節水機器の普及により佐世保市の水需要は予測を下回ることも指摘する。

よって、「治水にはいらない。利水には全然いらない。石木ダムは科学的に見れば本当にいらないダム」と断言する。

埋没費用に埋没するな

専門家がここまでその必要性を否定するのに、建設を進めようとするのはなぜか。その答えのヒントは、中村知事の「これまで用地の提供等で協力いただいた多くの方もいらっしゃるわけで」と、言うところにある。ダムを建設しないと、これまで投入した資金や労力、あるいは地元住民に強いてきた犠牲、そして半世紀にも及ぶ年月等々が無駄になる。それらを無駄にしないために、とにかく完成させる。そのためには、新たな資金や労力、そして犠牲はやむを得ない、ということである。

経済学では、「事業や行為に投下した資金・労力のうち、事業や行為の撤退・縮小・中止をしても戻って来ない資金や労力のこと」を「埋没費用（ｓｕｎｋ ｃｏｓｔ）」と言う。ダム建設のように、初期投資が大きく他に転用ができない事業ほど埋没費用は大きくなる。だから、やめる決断ができない。ダムに限らず「止まらない大規模公共事業」の一因はこの費用にある。

「これだけ費用をかけた。８割の住民に地元を離れてもらった。あと2割が出て行ってくれたら……」と考えて、不要なダム建設に向かうのは、埋没費用を増加させるだけではなく、何物にも代えがたい自然と、そこを故郷として平穏に生活している人々の幸せな生活までをもダム底に埋没させるという、取り返しのつかない大罪を犯すこと。

埋没費用に埋没しない、埋没させないためには、回収不能な費用であることを潔く認め、勇気をもって撤退することである。

辺野古基地建設も原発も同じ構造。事業をすこしずつでも進めるのは、既成事実を積み重ね、当該費用を大きくし、反対しづらい世論を形成していくためである。このことを見抜き、世論操作には乗らぬこと。深傷を負うだけである。

なぜ、こんなことができるのか？　それは、税金だから。何のためにやるのか？　政治家と役人のメンツを守るために。

このような状況は石木ダムに限ったことではない。全国でこれまでにも起こったこと、そしてこれからも起こること。我々にできることは、埋没費用に埋没させられぬよう、事業等の是非を見抜く眼力と、だめなものにはだめと言い続ける胆力を鍛えること。

反対住民らが、国に事業認定取り消しを求めた訴訟において、11月29日に福岡高裁は、「事業による公共の利益は原告らの失われる利益を優越している」と、理解しがたい判断により住民側の請求を棄却した。しかし、住民側は10日、判決を不服として上告した。決して、諦めてはいない。

反社政権と埋没するのはまっぴらごめんなすって

毎日新聞（12月11日付）によれば、麻生太郎副総理兼財務相は10日の記者会見で、安倍晋三首相が目指す憲法改正に関し、「自分でやるという覚悟を決めてやらないといけない。（総裁）任期中にできる当てがないなら、対策を考えるのが当たり前ではないか」と述べ、総裁4選を検討すべきだとの考えを示した。また、自民党の二階俊博幹事長も10日、2021年9月末までの首相の総裁任期中の改憲について「任期中に成し遂げるべく努力をすることは当然だが、かなわない場合は、そのときの政治情勢や国会日程をにらんで対応することが大事だ」と述べ、4選の可能性に含みを残した。

麻生氏の会見を見たが、親分とでも呼んで欲しそうな、反社政権№2の顔つき目つき。こんな連中に憲法を触らせてはいけないが、お頭の4選の可能性は大。4選なくとも院政を敷くはず。なぜなら、権力を手放したとたんに、安倍族は司直の手にかかるから。もちろん、国民に司直を動かす力があればの話だが。

「地方の眼力」なめんなよ

How dare you!（2019・12・18）

佐藤正明氏による風刺漫画「コップの中の嵐」には思わず苦笑（東京新聞12月17日付）。地球温暖化対策を訴えるグレタ・トゥーンベリさんが、コップに入った木の枝に結ばれた「先送りCOP25」と書かれた白旗に向かって、彼女を世界に知らしめたあのフレーズで叱りつけている。そう、「How dare you!＝よくもそんなことが!!」と。

石炭火力発電所の新設ですか

風刺が二重に効いているというべきか、その漫画の横には「九電 石炭火力新設 長崎・松浦CO_2対策に逆行」の見出し。12月16日に九州電力が長崎県松浦市に新設した石炭を使う松浦火力発電所2号機を報道陣に公開したことを伝えている。

時も時、国連気候変動枠組み条約第25回締約国会議（COP25）において、温室効果ガスの二酸化炭素（CO_2）を多く排出するため問題視され、グテーレス国連事務総長が、地球温暖化対策として石炭火力発電所の2020年以降の新設中止を求めているにもかかわらずである。もちろん「時代に逆行している」と言う専門家の批判を紹介し、国際的には事実上の「駆け込み稼働」と受け止められかねないことを危惧している。

ちなみに我が国は、世界の環境団体でつくる「気候行動ネットワーク」が、COP25における発言内容に基づいて地球温暖化対策に消極的な国に贈る「化石賞」を2回受賞している。

1回目は、梶山弘志経済産業相が石炭火力の利用継続を明言したことに対して。

2回目は、小泉進次郎環境相が演説において、脱石炭火力に踏み出すなどといった意欲的な姿勢を示さなかったことに対して。

もちろん、桃井貴子氏（気候行動ネットワーク東京事務所長）は九州電力の姿勢に対して「石炭火力発電所の新規稼働はパリ協定の目標と相いれない」と、コメントを寄せている。

How dare you!

強シンゾウか狂シンゾウか安倍晋三

無神経なのか、居直りなのか、国民感情を逆なでしたいのか、場所も場所、ホテルニューオータニの「鶴の間」で安倍晋三首相がご講演。「臨時国会ではこの1カ月、桜を見る会の議論が集中した」「一昨年と昨年はモリカケ（森友学園、加計学園）問題。今年の春は統計の問題。この秋は桜を見る会」「この3年ほどの間、国会では政策論争以外の話に多くの審議時間が割かれ、国民に大変申し訳ない」と陳謝したそうだ。

誰もうわべだけの陳謝を求めていない。安倍氏ご本人を始め安倍族が、速やかかつ懇切丁寧に、事実、真実を語らないから政策論争には入れないわけ。まぁ、ヤジだけが得意な政治家に政策論争なんかできっこないですがね。

さらに、麻生太郎氏をはじめ安倍族が首相の自民党総裁4選に言及していることを問われ、「大変光栄だが、全く考えていない」と改めて否定した。ただ、憲法改正が衆院解散・総選挙の大義になるかについては、「具体的に申し上げる段階にはない」と述べる一方で、「信を問うべき時が来たと判断すれば、ちゅうちょなく決断をする」と改めて語ったそうだ。

How dare you!

共同通信世論調査結果の要点

共同通信社が全国の有権者を対象に12月14、15日に行った世論調査（対象者2005人、回答率50・9％）は大変興味深い結果を示している。その要点は次のように整理される。

（1）「桜を見る会」問題

▽さまざまな疑惑が指摘されているが安倍晋三首相の説明について：「十分説明している」11・5％、「説明は不十分」83・5％。

▽招待者名簿に関して、「バックアップデータは行政文書に該当しない」とする菅義偉官房長官の説明について：「納得できる」13・6％、「納得できない」77・9％。

（2）日本経済の先行きに関する不安感と安倍内閣が優先すべき課題

▽日本経済の先行きについて：「不安」41・0％、「ある程度不安」46・9％、「あまり不安ではない」8・6％、「不安ではない」1・9％。大別すると、「不安」87・9％、「不安ではない」10・5％。

▽安倍内閣が優先すべき課題（「その他」などを除き10の選択肢。二つまで回答可）：「年金・医療・介護」41・4％、「景気や雇用など経済政策」33・0％、「子育て・少子化対策」27・5％、が上位3項目。「憲法改正」は、5・2％で10位。

（3）憲法改正と安倍首相の総裁4選

▽安倍首相の下での憲法改正について：「賛成」31・7％、「反対」54・4％。

▽総裁4選について：「賛成」28・7％、「反対」61・5％。

（4）安倍内閣の支持と支持政党

▽安倍内閣について：「支持」42・7％、「不支持」43・0％。

▽支持する政党：「自民党」36・0％、「立憲民主党」10・8％。「公明党」（4・7％）と「日本維新の会」（3・3％）を加えた与党系は44・0％。野党（立憲、国民、共産、社民、れいわ）は、20・6％。「支持する政党なし」31・8％。

（5）中東への海上自衛隊の派遣

▽派遣について：「賛成」33・7％、「反対」51・5％。

世論調査結果が教える、慣れのゆきさき

（1）8割が「桜を見る会」問題ついて納得していない。諦めることなく追及し続けねばならない。

（2）9割が日本経済の先行きに不安を覚えている。上位3項目がそれを明示している。少子高齢化時代において、高齢者も子育て世代も「不安」に駆られている。

（3）3割程度しか憲法改正と安倍首相の総裁4選を賛成していない。（2）で示した「不安」の解消にこそ注力すべき時に、「憲法改正」に血道を上げる姿は、国民不在の政治そのものである。

（4）にもかかわらず、4割強が安倍内閣を支持し、与党系を支持している。もう見慣れた結果だが、慣れこそが怖い。

（5）慣れている間に決まろうとしているのが、中東への海上自衛隊派遣。3割強もの人が「賛成」していることに怖さを感じる。

How dare you!　納得できず、不安に駆られることばかりの情況だからこそ言い続ける。

「地方の眼力」なめんなよ

地方創生をけがすサクラとＩＲ

（２０１９・12・25）

もうこれぐらいのことでは驚かないが、中日新聞（12月15日付、滋賀県版）によれば、自民党の世耕弘成参院幹事長が14日、長浜市内での講演で、「桜を見る会」の招待者名簿を内閣府が破棄していた問題について、「会が終わったらできるだけ早く消去するのは、ある意味当たり前だった」と述べたそうだ。ある意味とはどんな意味？　もちろんそのあとに、「どういう基準で招待したのかが明らかにならない状態がいいのかどうか、公文書管理や個人情報保護の専門家も入れて議論していかなければいけない」と、もっともらしい自己保身のセーフティーネットも忘れてはいない。

「アーキビスト」の養成よりも安倍族の消去を要請する

そのネットと絡んでいるのだろうが、東京新聞（12月22日付）によれば、政府は公文書管理の専門職「アーキビスト」の公的な資格制度に基づく認証の付与を、２０２１年から始める方針を固めたそうだ。記事は、「首相主催の『桜を見る会』や森友、加計学園問題などで発覚したずさんな文書管理への批判をかわす狙いもあるとみられ、保存や管理をどこまで徹底できるのか実効性が課題となる」としているが、この認識ちょっと変。少なくとも第2次安倍政権以前の文書管理はそれなりのルールに基づいて行われていたはず。それが２０１７年2月17日の衆議院予算委員会で、安倍氏が森友問題に「私や妻が関係していたということになれば、それはもう間違いなく総理大臣も国会議員もやめる」と発言してから、文書管理がずさんになったことは多くの人が感じるところである。その後、自殺者まで出した改ざんなどを経て、世耕氏の評価する「消去」にまでつながるわけだ。

姑息に、なじみのない専門職を養成するよりも、公文書をここまで毀損した安倍族を消去し、公文書の取り扱いを現政権発足前に戻せばよいだけの話。茶坊主によるセコ～い論点ずらしには乗らぬこと。

地方にも舞い散るサクラ

サクラといってもこちらは、有償による動員問題。東京新聞（12月16日付）は、地方創生の一環で地方自治体が開く移住相談会において、その運営業者が一部の参加者に現金を支払い、不適切な参加者募集行為をしていたことを取り上げている。

「求人サイトで応募した。移住に関心があるふりをして、現金を受け取った」とは、複数の相談会に参加した男性の証言。業者の中には、現金を受け取ることを自治体側に漏らさないよう徹底し、参加者に誓約書を書かせていたところもあるとのこと。

「自治体にはやらされ感がまん延している。その一つがアリバイとしての移住相談会だと言える。そのため、民間企業への丸投げが起きる。……相談会の『サクラ』が事実なら、違法な公金支出になりかねない」とコメントを寄せているのは、金井利之氏（東京大学教授、自治体行政学）。

「時間的にも人材的にも、すべて自前では難しい面がある。ただ、しっかりと見極め、適正な企業と契約してほしい」とは、地方創生を推進する内閣官房の担当者。

地方創生を目指し、サクラに思いを託さねばならない現場の情況がただただ痛々しい。

―ＩＲは地方を早世させても創生はさせない

日本でのカジノを含む統合型リゾート施設（ＩＲ）事業への参入に関心を寄せていた中国企業側から、現金数百万円を不正に受け取った疑いが強まったとして、東京地検特捜部が25日、収賄容疑で衆院議員秋元司容疑者（48）＝自民、東京15区＝を逮捕したことを共同通信社が伝えている（12月25日11時56分）。贈賄容疑で数人も逮捕するとのこと。秋元容疑者は２０１７年８月から18年10月まで内閣府副大臣でＩＲを担当していた。中国企業を巡る外為法違反事件は、政界の汚職事件へと発展したわけだ。特捜部は事業に絡む不正の全容解明を目指すそうだが、当該事業全般にわたる不正行為を白日の下にさらすことを願う。

ＩＲに地方創生の夢を託し、誘致合戦に熱心な地方都市も少なくない。長崎県もそのひとつ。長崎新聞（11月10日付）に掲載された今井一成氏（長崎県弁護士会）の「佐世保市へのカジノ誘致」と題した小論は示唆に富んでいる。その要点は次のように整理される。

◇２０１８年成立の法律で新たに設置が認められたＩＲ（特定複合観光施設）は、カジノ（賭場）を設置できる点で従来の観光施設と大きく異なる。

◇長崎県が誘致する一番の狙いは経済効果。確かにカジノをもつＩＲが成功すれば、経済効果は期待できる。しかし、つくれば必ずもうかるというものではない。誘致できたとしても、国内外のＩＲとの競争に勝たねばならない。

◇負けた例として、韓国の江原道《カンウオンド》では、ギャンブル依存症患者と質屋が増える一方で、経済効果は上がらなかった。米国のアトランティックシティーでは、カジノの閉鎖が相次ぎ、失業率が上昇し、税収が減少した。

◇ＩＲ誘致自体がその地域にとって「ギャンブル」である。賛成にせよ、反対にせよ、10年先、１００年先を見据えて考えることが肝要。

「ささやかな意思表示」を積み重ねる

しんぶん赤旗（12月25日付）には、長崎県の石木ダム問題に関して、強制収用に反対する議員連盟と県民ネットワークが24日に同ダム建設の事業認定を見直すよう赤羽国交相に要請したことを伝えている。残念ながら、大臣、副大臣とも応対せず、要請書は省の担当者が受け取ったそうだ。要請書は、予定地に住む13世帯を行政代執行で排除しようとする動きを「極めて深刻な人権侵害だ」とし、「住民を強制的に排除して行うダム建設が本当に必要なのか、再検討すべきだ」と強調しているとのこと。

西日本新聞（12月24日付）には、前川棚町長竹村一義氏が、今年9月、反対派の市民有志でつくる「石木ダム・強制収用を許さない県民ネットワーク」に加わったことを伝えている。ダム事業自体には反対ではないが、予定地で立ち退きを拒む13世帯を公権力で排除することに疑問を抱いて、とのこと。２００９年10月に、強制収用が可能になる事業認定を国に申請する際には、長崎県知事、佐世保市長と並んで記者会見に臨んだ。竹村氏によれば、当時県は「話し合いを進めるための事業認定」と説明していたが、「住民を説得できなかった力不足を、今となって強い権力に頼るしかないのか。あのときの説明に立ち返れば強制収用はできないだろう」と語る。反対派となった理由については、「『今更なんば言いよっとか』と言う人もいるだろうが、ささやかな意思表示だ」とのこと。

一方で地域住民を日々苦しめ、自然を破壊する。他方で賭場の開帳にまで狂奔する。そんな連中に地方創生は取り組めない。

この国の至る所で「ささやかな意思表示」が積み重ねられることが、壊国状態にあるこの国を救う。

「地方の眼力」なめんなよ

小さな幸せを守り抜く

（２０２０・01・08）

年は明けたというのに、「まだ２０１９年は終わっていない」とでも言いたげに、ゴーンゴーンと五月蠅きこと限りなし。

人口減少問題は平成の積み残した課題

２０１９年どころか平成からの積み残した課題がまだ残っている。その最たるものが加速する人口減少問題と指摘するのが、愛媛新聞（1月1日付）の社説。「税収の落ち込みや社会保障制度の崩壊、働き手の減少、市場の縮小…。長期間、各方面で影響が出ることは確実だ」とする。そして「もちろん国も、手をこまぬいていたわけではない」と一呼吸置き、「それでも若い世代が結婚し、子どもを産み育てようとする機運につながらないのはなぜか。それは若者の不安・不信が解消されないからだ。……若者のニーズに応じた具体的な仕組みづくりを急がなければならない」と訴える。

「人口減に歯止めをかけるには長い年月が必要」としたうえで、「安心して豊かに暮らせる地域社会を築き上げていくこと」を提案する。そして、愛媛県において「住民主体の挑戦が芽吹き始めた地域」の事例を紹介し、「この芽をさらに大きく太く育て、広げていきたい。地域の特性を生かし、住民の力を発揮すれば、人口が減っても幸せに生活することは可能なはずだ」として、愛媛で人口減を克服するモデルケースをつくり、全国へ発信することを提案している。

「地方は人口減、少子高齢化にあえいでいる」と危機感を隠さない秋田魁新報（1月1日付）の社説は、地方創生の羅針盤となる「まち・ひと・しごと創生総合戦略」が第2期（２０２０～24年度）を迎えるにあたって、政府が力を入れている「関係人口」の拡大に、「すぐに地方の人口増に結び付くわけではないが、大都市圏からの『応援団』が増えることは地方の活性化にもつながる。関係人口を増やすために地道な努力を続けていく必要がある」と、期待を寄せる。

さらに、「人口減により社会が縮小する中にあって、持続へのキーワードの一つに挙げられるのが『共助』」とし、「地域でできることは住民が協力し合って解決することが重要」とする。

このように愛媛新聞と秋田魁新報は、地域住民の主体的な取り組みを強調している。

政府の責任を問う高知新聞

「安倍政権が『最大の課題』として2014年に打ち出した地方創生の成果を地域に暮らす私たちは実感できているだろうか」で始まる高知新聞（1月6日付）の社説は、「人口減や活力低下の状況はむしろ加速している。新年に当たり、地域の切実な思いを受け止め、『対等・平等』の立場で的確に地方をサポートするよう国に求めたい」と、政府の責任を強く求める内容である。前述した地方創生戦略の第2期の取り組みに対して、「政府が強調する『関係人口』もよく分からない」とし、「都市部に住み、祭りへの参加や週末の副業などで地域と関わる人のことを指すというが、どのくらいが移住につながるのだろう。できた関係性を移住を含めた地域活性化にどう生かすのか。具体策が見えない」と、疑問を呈している。

そして、2019年に選出された新知事に対しては、「地域の窮状や思いを……率直に政府へぶつけてほしい」とする。なぜなら、「伝え続けねば、霞が関は『机上の空論』に気づかない可能性がある」からとは頂門の一針。

さらに、「そうした施策を実行するには財源移譲が重要になる。国と地方の関係を『対等・平等』とした地方分権一括法の制定から約20年。権限の移譲は一定進んだが、肝心な財源移譲の歩みは遅い。政府は『対等』の意味を深く肝に銘ずる必要がある」と、踏み込んだ提案と苦言を呈している。

長期的視点が不可欠な移住から定住

信濃毎日新聞（1月1日付）の社説は、「東京圏に集中し続ける人の流れを理想的に変えることなどできるのだろうか」との問題意識から、愛知県東栄町において過疎化が深刻な東薗目《ひがしそのめ》区に30年前に移住したプロ和太鼓集団「志多ら《しだら》」が、いかにして地域に認知され、定住を果たしたかを取材し、そこからの教訓を紹介している。

19歳で入団し現在45歳となった団員によれば、「公演で留守にしがちで、暮らしがあるとは言えなかった」ことから、「最初は移住というより、けいこ場の移動でした」とのこと。ほどなく「志多ら」が倒産し、団員たちは「地域に根差す芸能集団」を目標に据える。練習拠点が廃校であったことから、ゲートボールのために校庭に毎日集まる高齢者たちと茶飲み話が始まる。それを契機に情況は変わり始める。そのうち、地域の祭りの手伝いを頼まれるが、自分たちの舞を奉納したことが裏目に出て、他地区の人たちから反感を買うことに。「雑音は気にするな」と言う、東薗目の人たちに励まされ、その後も参加。町内の見る目が和らいだのは、団員が結婚し、子どもが生まれたころ、とのこと。２０１0年、ＮＰＯ法人「てほへ」を発足させた。「てほへ」は住民の交流の場、町の魅力発信の拠点として根を張っているそうだ。

そして、「東薗目はいま、町内で子どもが最も多い区となった。特異な例に映る志多らの定着も、茶飲み話に始まっている。……そんな当たり前のこと―を、山登りの途中でずいぶん置き去りにしてきたのではないだろうか」として、「人と人との日常の交流を重ね、まちづくりを動かしたい」と、そのあり方を示唆している。

田園回帰を喜びたいが喜べない

日本農業新聞（1月5日付）の1面には、「『田園回帰』着々と」という大見出しで、同紙の独自調査から28府県の移住受入数が過去最高を更新したことを伝えている。例えば長崎県は、移住者を「県と市町村の相談窓口を通じて県外から移住した人」として調べ、2018年度に初めて1000人を突破したとのこと。県は、16年度に「ながさき移住サポートセンター」を発足させたことなどを、飛躍的な伸びの要因と分析している。

その長崎県の五島市において、2004年の旧1市5町による合併後初めて、転入者が転出者を上回ったことを西日本新聞（1月8日付、長崎北版）が伝えている。市があげるその要因は次の2点に整理される。ひとつは、2017年施行の国境離島新法によって、個人事業者や企業が、創業や事業拡大する際に補助金を活用することが可能になり、これが雇用創出となり、転出抑制、転入促進につながったこと。もうひとつが、市独自施策として保育料負担軽減や子ども医療費の助成を行っていること。

市長が仕事始め式で「まずはこの社会増を定着させたい」と語ったことも紹介されている。

「こいつぁ春から　縁起がいいわえ」と言いたくなりそうだが、中東情勢がそれを許さない。安倍首相は仲介役などと身の程知らぬ発言をしていたが、中東情勢の緊迫化を受け、中東歴訪の延期を決めたそうだ。じゃぁ、自衛隊の派兵もやめるべし。

安倍族には人びとや地方が積み上げてきた小さな幸せなど眼中にない。そのことを肝に銘じて、これからも生き抜くしかない。

「地方の眼力」なめんなよ

未来を変える

（2020・01・15）

過去と他人は変えられない。しかし、未来と自分は変えられる。変わった自分の姿を見て、他の誰かが変わるかもしれない。その小さな変化が集まり大きな変化を生み出せば、未来は必ず変えられる。

アホウ副総理のアホウ言2連発

最近、あの放言、妄言が聞こえないと思っていたら、さっそく期待に応える2連発。もちろん麻生太郎副総理。

1月12日に福岡県直方市であった成人式来賓あいさつで、「皆さんがた、もし今後、万引きでパクられたら名前が出る。少年院じゃ済まねえぞ。間違いなく。姓名がきちっと出て『20歳』と書かれる。それだけはぜひ頭に入れて……」と、ライヒンならぬゲヒンなごあいさつ。自民党議員さんたちにこそ聞かせるべき台詞。ハレの日に、異次元の低レベルスピーチを聞かされた新成人の心はさぞや曇ったことだろう。

翌13日にも、同市で開いた国政報告会で「2000年の長きにわたって一つの民族、一つの王朝が続いている国はここしかない」と述べた。ここってどこですか。政府は昨年5月にアイヌ民族を「先住民族」と明記したアイヌ施策推進法を施行しており、この発言は政府方針と矛盾する。また一般的に、「王朝」とは天皇が実権を握っていた時代をさすが、我が国は長きにわたる王朝国家ではない。今回もまた、雁首そろえた閣議で歴史を変えるおつもりか。

全否定される現政権の方針。しかし変わらぬ岩盤支持

共同通信社が全国の有権者を対象に1月11、12日に行った世論調査（対象者1962人、回答率52・8％）が、現在の政治情況を示している。その要点は次のように整理される。

（1）カジノを含む統合型リゾート施設（IR）整備を進めてよいかについて：「進めてよい」21・2％、「見直すべきだ」70・6％。

（2）海上自衛隊を中東に派遣することについて：「賛成」34・4％、「反対」58・4％。

（3）「桜を見る会」に関する安倍晋三首相の説明について：「十分説明している」8・1％、「説明は不十分」86・4％。

（4）安倍首相の下での憲法改正について：「賛成」35・9％、「反対」52・2％。

（5）日本経済の先行きについて：「不安」37・6％、「ある程度不安」48・6％、「あまり不安ではない」10・7％、「不安ではない」2・1％。大別すると、「不安」86・2％、「不安ではない」12・8％。

（6）安倍内閣について：「支持」49・3％、「不支持」36・7％。

（7）支持する政党について：「自民党」（43・2％）、「公明党」（2・9％）、「日本維新の会」（4・4％）の与党系は50・5％。野党（立憲、国民、共産、社民、れいわ）は、16・1％。「支持する政党なし」31・5％。

（8）立憲民主党と国民民主党の合併への期待について：「期待する」22・8％、「期待しない」69・3％。

以上のように、IR、自衛隊の中東派遣、桜問題への説明、そして憲法改正について、世論の多くは、政府・与党の方針等を否定している。経済の先行きについても、9割近くが「不安」を覚えている。結局、現政権の方針は全否定されている。

にもかかわらず、安倍内閣と自民党を中心とする与党系に対する支持は堅固である。不満や不安が高まる中で、その

解決を元凶である政権・与党に求めている。

しかし、現政権・与党に依存する限り、悪くはなっても良くはならないことを、不満や不安の多さと高まりが教えている。それを解消するためには、政治への関心を高め、現政権に変わるものをつくり出すしかない。

社会はきっと変えられる

西日本新聞（1月13日付）の社説は、「日本財団が昨秋に実施した18歳意識調査では『自分で国や社会を変えられる』と思う人はわずか2割で、諸外国より極端に少なかった」「若年層の政治参加意識は依然として低い。昨年の参院選の20代投票率は全体平均を下回り、60代の半分にも届いていない」ことから、「まずは政治にもっと多くの若者の声を届けたい」とする。

「社会全体が余裕を失う中、閉塞《へいそく》感を抱く若者もいる」一方で、「カネやモノという尺度から離れ、人とのつながりや精神的な豊かさに価値を見いだす風潮が芽生えている。多様性を大切にし、ボランティアなどで社会に貢献する若者も増えている」ことを明るい兆しと位置付け、「こうした変化の芽は、未来の希望だ。大きく育みたい」とする。そして、「若い力で社会はより良く変えられる――そんな気概と自信を持ち、大人の一歩を踏み出してほしい」と、背中を押している。

京都新聞（1月13日付）の社説も、昨年、スウェーデンの少女グレタ・トゥーンベリさんらが各国政府に実効性ある温暖化対策を求め、大きな注目を集めたことから、「世の中を動かす力は、未来を担う若い世代にこそある。そんな事実を、改めて教えられた。社会制度も地球環境も、大きな曲がり角にある。人生100年時代を迎え、22世紀が人生の視野に入るみなさんの世代には切実な問題のはずだ」とし、「世の中の変化を見逃さず、おかしいと思った時にはためらわず声を上げる。それが人々の新たな知恵と行動を呼ぶことになる。若い世代の主張が未来へのうねりをつくると信じたい」と、エールを送る。

「新農本主義」への期待と警戒心

日本農業新聞（1月1日付）の論説は、「包容力や自治の力など農の価値は、農業・農村だけでなく社会の持続可能性の展望に貢献する」ので、「年明けと共に日米貿易協定が発効し農業は厳しい船出となった」が、「農の価値を国民が共有すれば強い追い風になる」として、「新農本主義」を提唱している。

そして「規模拡大に偏った農業振興や、担い手を支えることを目的にした資源管理中心の農村振興など成長産業化政策の限界が見えてきた」ため、「多様な農業経営と農家以外の住民や移住者を含め、地域経済が成り立つ政策が必要」とする。

これはまさに安倍農政への挑戦状である。当コラム、その内容には賛意を表すが、その成就のためには「国民の理解が不可欠」である。当然、安倍政権と一線を画すことなくして、国民の理解を得ることはない。JAグループにそこまでの覚悟があるのか。

さらに同紙も指摘するように、農本主義には「軍国主義と結び付いたとして敗戦と共に否定された」暗い過去がある。

「新農本主義」には軍国主義と結び付く可能性はないのか。国会の審議も経ずして中東へ自衛隊を派「兵」する情況下で、この言葉が前面に出てきたことに、警戒せよとアラームが鳴る。

偶然であったとしても、いつか来た道にならないために、「新農本主義」について深める責任を日本農業新聞は負っている。

「地方の眼力」なめんなよ

嘘つきは地方創生を語るな

（２０２０・01・22）

「安倍晋三首相は第2次政権以降、国会演説で、さまざまな人物に言及してストーリー性を演出する手法を好んで用いている。メッセージを国民に印象付けたい狙いがあるが、『情報の羅列にとどまり内容が伴っていない』との見方もある」とするのは、西日本新聞（1月21日付）。

「農業の危機は国土の危機」なんですが

日本農業新聞（1月21日付）の論説は、その演説からは農業・農村の将来に関する「危機感も明確な対応方針も読み取れない」とし、「今国会ではスローガンでなく実質的な農業再興論議」を求める。そして、「『農が国の基』が首相の持論なら、直面する危機に対する構想を施政方針で示すべきだった。農業の危機は国土の危機であり、食料安全保障の危機である。持続可能な農業・農村の再興戦略を打ち出し、『救国宣言』を出すくらいの覚悟と決意を首相は持ち、今後の答弁に立つべきだ。それこそが地方創生であり、防災・減災につながる道である」と、訴える。

地域おこし協力隊の定住状況

地方創生への貢献が大いに期待されている「地域おこし協力隊」の状況調査（総務省1月17日発表）によれば、制度開始の２００９年度から18年度に活動した元隊員は累計４８４８人、うち３０４５人（62・8％）は任期終了後も赴任先か近隣の市町村に住み続け、地域活性化事業として一定の成果を上げていることを、西日本新聞（1月18日付）が伝えている。

定住者のうち、赴任先の市町村に住む２４６４人で、１０６０人（43・0％）が行政機関や観光業などに就職、８８８人（36・0％）が起業、３１７人（12・9％）が農林水産業に就いているそうだ。

九州７県の、定住者数（活動地と同一市町村内に定住した者と、活動地の近隣市町村内に定住した者の合計）を、２０１８年度末までに任期を終えた元隊員数で割って求めた定住率を示している。最も定住率が高いのが熊本（74・0％）、これに福岡（72・2％）、大分（66・4％）、宮崎（62・7％）、長崎（54・5％）、鹿児島（54・2％）、佐賀（50・0％）が続いている。最も低い佐賀においても半数は定住している。

ミスマッチと解消策

もちろん明るい話ばかりではない。

西日本新聞（２０１９年11月13日付）は、２０１８年に任期途中で辞めた隊員が全国で６０９人いることから、隊員確保やミスマッチ防止のため、「空き家所有者と居住希望者を仲介する不動産業務」（福岡県香春町）、「ジビエ活用」（長崎県五島市）といった、任期後の生活をイメージしやすいようにテーマを絞った「ミッション型」募集が増えていることを紹介している。

さらに同紙は、2019年11月13、14、15日の3日間、「『よそ者』力　地域おこし協力隊10年」と題して、協力隊の現状と可能性を探る短期連載を企画した。

そのなかでも「後絶たないミスマッチ」という見出しで、「孤立感」を取り上げた11月14日付の記事は興味深いものであった。

「生態系の保全が地域振興につながるモデルを作りたい」と応募し、「ぜひやってほしい」と歓迎された宮崎県内の40歳代女性隊員。着任早々担当者から「農作業の研修をやってもらうから」と言われ、「それは私の仕事ではないと思いますが」と返す。農作業や道の駅の手伝いを断り続けると、「前任者は来てくれたのに」と嫌みを言われた。「地域、役場が望むのは〝何でも屋〟。隊員はただの人員補填だった」ことに気づく。

隊員に認められている年最大200万円の活動費を役場に求めると、「急に言われても予算はない」。上司に何か相談すると、翌日には庁内に筒抜けになる。ストレスから体調不良になり病院通いの日々。孤立感が深まる中、住民たちに腹を割って話すと、「よそ者に土地や家を貸したくない。手伝いに来てもらわないと困るから、表だって言わないだけだ」と明かされた。

任期は2年半近く残るが、知識、経験を発揮できる新天地への移住を考えているそうだ。

地域に溶け込む〝よそ者〟

この14日付の記事では、悩める隊員を支援する動きも紹介している。

鹿児島県では、隊員やOB、行政の有志が参加する支援組織が発足し、隊員や自治体職員からの相談に応じている。

熊本県荒尾・玉名地域の2市4町の隊員有志12人は、互いの特産品などを勉強し、合同イベントなどで地域全体の魅力をPRするなどで交流を図っている。

15日付では、2014年度から募集を本格化した大分県竹田市の取り組みを紹介している。「協力隊カルテ」を作成し、隊員の目的と役割に食い違いが出ないよう、年4回面談を重ね、任期後の生活をイメージしてもらう。市OBが定住支援員として隊員の相談に乗り、地域住民を紹介する。任期満了隊員の定住率は7割以上。「地域に溶け込んだ〝よそ者〟の姿が市内各地で見られる」とのこと。

京都新聞（2019年11月4日付）の社説も、「地域おこしを協力隊員に『外部委託』するのではなく、ともに考える姿勢が受け入れ側には必要だ。隊員にも地域に溶け込む努力がいっそう求められる」としている。

地方創生に泥水を差す首相

「東京から鉄道で7時間。島根県江津市は『東京から一番遠いまち』とも呼ばれています。……しかし、若者の起業を積極的に促した結果、ついに、……人口の社会増が実現しました」に続き、実名で紹介されたH氏。「パクチー栽培を行うため、東京から移住してきました。農地を借りる交渉を行ったのは、市役所です。地方創生交付金を活用し、起業資金の支援を受けました。農業のやり方は地元の農家、販路開拓は地元の企業が手助けしてくれたそうです。『地域みんなで、手伝ってくれました』。地域ぐるみで若者のチャレンジを後押しする環境が、Hさんの移住の決め手となりました」と、首相が施政方針演説で地方創生の好事例として実名で取り上げたH氏は、昨年末に県外へ転居していた（中国新聞デジタル、1月20日21時28分配信）。

市は、国から事前にデータ照会を受けたが、男性のことが演説に盛り込まれているとは知らなかったそうだ。

「桜」の招待者名簿は個人情報を盾にシュレッダーへ。演説では実名で誤った個人情報を垂れ流す。これだけでも立派な犯罪。さらにH氏にプレッシャーがかけられているはず。アベシンゾウのウソをマコトに偽装するために。非道い、本当に非道い。

ヤジにも空疎な言葉にも「農」を貫け
（2020・01・29）

2019年11月8日の参院予算委員会。立憲民主党の杉尾秀哉氏の質問に際し、杉尾氏を指さしてバカ丸出しで「共産党」と発言し、審議を一時ストップさせたのは誰あろう、安倍晋三首相。杉尾氏にはもちろんのことであるが、公党である日本共産党に対しても失礼千万な話。そんな輩が押し込んで当選させた女性議員がまたしてもアホ丸出しのヤジ。

多様性を認め合え

毎日新聞（1月24日付）によれば、22日の衆院本会議における代表質問で、国民民主党の玉木雄一郎代表が選択的夫婦別姓を認めるべきだと質問した際に、本会議場から女性の声で「だったら結婚しなくていい」とのヤジが飛んだ。複数の議員がヤジの主と指摘したのがあの杉田水脈議員。翌23日、少なくとも5回報道陣の前に姿を現したが、質問には答えず、携帯電話を耳にあて続けるなどして立ち去ったようだ。違うなら違うと言えば良いだけのこと。普通、濡れ衣なら怒って否定するはず。あっそうか、普通じゃなかったよね、彼女は。冷静に考えれば、自民党の頭《かしら》が普通じゃないからミオさんレベルが普通なわけないか。

西日本新聞（1月24日付）は、世の中にも賛否両論がある夫婦別姓問題について、結婚さえしなければ考える必要もないだろうと、論理を乱暴に飛躍させてしまっている点に、「入り口から議論を否定してしまう、自民党の一部にある体質だ。それが最も良くない」と、やじの病根を示唆する閣僚経験者のコメントを紹介している。

北海道新聞（1月25日付）の社説は、「自民党はうやむやにしたいようだが、言論の府にあるまじき低劣なやじを見過ごしてはならない」とし、「家族の在り方は多様化している。結婚を望んでいても夫婦同姓に理不尽さや疑問を感じる若い人は少なくないだろう。働く女性にさまざまな不便を強いてもいる。そうした声に耳を傾け、政策に生かすのが政治家の務めである。無理解な発言は憲法が保障する個人の尊厳を踏みにじるものだ」と指弾する。そして、「名指しされた杉田氏が沈黙しているのは不可解だ。事実無根であれば反論すべきではないか」とする。

首相が今回の施政方針演説で「誰もが多様性を認め合い、その個性を生かすことができる社会をつくる」と訴えたことを取り上げ、「自民党内には伝統的家族観にこだわり、導入に反対する根強い意見がある。首相の本音はこちらに近いのだろう。多様性を口にしながら、実行が伴わない政権の矛盾が改めて問われている」との指摘には、溜飲が下がる。

防災における基本的人権

「多様性を認め合う」といえば、毎日新聞（1月19日付）は、同紙が２０１９年11月に都道府県、道府県庁所在地、政令市、東京23区（計１２１自治体）に対して行ったアンケート調査（１１９自治体が回答）から、次のような問題点を指摘している。

ひとつは、災害時の対応を定めた地域防災計画や避難所運営マニュアルなどに、ＬＧＢＴを含む性的少数者への「配慮」を盛り込んだ自治体は28で、「検討していない」自治体が43にも上ることである。ただし、「誰でも使える（男女共用）トイレ、更衣室の設置」（徳島市）、「下着などの物資の配布についての配慮」（名古屋市）など、具体策を挙げて促進を図る自治体もあった。

もうひとつは、性的少数者のカップルが、同居の親族と同様にパートナーの安否情報を得られる自治体は16であること。「検討していない」や「議論できない」といった回答が目立ち、当事者はパートナーが死亡するなどした場合でも情報を得られない恐れがあることを指摘している。

山下梓氏（弘前大男女共同参画推進室助教、国際人権法）は、「性的少数者は地域、年代を問わず、見えるか見えないかにかかわらず必ずいる。自治体は避難所などでの配慮のニーズを積極的にとらえて取り組むべきだ。パートナーは本来家族として扱われるべき関係で、災害時の安否照会の制度設計に組み込まれていないのは問題だ」と、コメントを寄せている。

ジェンダー不平等社会に風穴を開ける

第65回JA全国女性大会が1月22、23日に開催された。日本農業新聞（1月24日付）によれば、23日には国崎信江氏（危機管理教育研究所代表）による防災に関する講演を聞き「応急手当の方法など、みんなで学ぶ仕組みをつくる」など、地域に根差すJA女性組織だからこそできる活動を考え、今後いっそうの活動強化に向けて情報を共有したとのこと。

講演要旨で注目したのは、「高齢化が加速しており、周りは老年者、要配慮者が多くなっている。……地域の防災意識向上には、女性の関わりが重要。女性が主体的に防災イベントの企画、参画を促し、関心を高めてほしい」と言うくだり。

「要配慮者」には前述の性的少数者も含まれる。ゆえに、JA関係者であろうがなかろうが、これまで災害時、とりわけ避難所において「トイレ」「風呂」「着替え」「就寝や授乳」等々への無配慮、それに関連した「セクハラ」に苦しんできた女性が、やっと堂々と配慮を求める地位を獲得できる情況にあることに期待するからである。第64回大会から、SDGsを強く意識した組織活動に取り組んできた。そのSDGsが掲げる17の目標の5番目に「ジェンダー平等を実現しよう」があげられている。

彼女たちの力で、ジェンダー不平等社会とされる「農」の世界に風穴が開くことを期待する。

中身はないが空疎ではない？

「安倍晋三首相の施政方針演説を聞いた。案の定、いかにも内容が空疎に感じた」と厳しい指摘で始まるのは、柴田明夫氏（資源・食糧問題研究所代表）による日本農業新聞（1月27日付）の論点。「安倍首相は、自画自賛ばかりで反省がなく危機感もない」とバッサリ。現在検討が進められている、新たな「食料・農業・農村基本計画」においては、「現実と目標との大幅な隔たりがなぜ生じたのか、真摯な分析と抜本的な検討が必要だ」として、「もはや単なる期待値として目標を掲げることは許されない」とする。

山田優氏（日本農業新聞特別編集委員）も、同紙（1月28日付）で『空虚な施政方針演説』と題して、「農業が直面する課題と信念を自らの言葉で語り、堂々と野党との論戦を挑むのが、本来の仕事のはずだ」と、その姿勢を質す。そして、「いつの間にか日本も輸出国気取りになってしまった」と嘆き、「農産物輸出を針小棒大に語ることは国民に対して不誠実であり、日本の農業の未来に禍根を残すだろう」と、憂慮の念を記す。

安倍首相を巡る最もホットな笑い話は、1月28日の衆院予算委員会における「桜」関連の宮本徹議員（日本共産党）の質問に対して、彼が「（参加者を）幅広く募っているという認識で、募集しているという認識ではなかった」と答えたことである。

「募ってはいるが、募集ではない」なんて、中身のないこんなレベルの人に、「農」の話はNO!
「地方の眼力」なめんなよ

「ふるさと納税制度」を汚したのは誰だ

（2020・02・05）

2008年度に自分の出身地（ふるさと）など、居住地以外の自治体に、所得税や住民税の一部を寄付できる「ふるさと納税制度」は始まった。寄付者に対する返礼品が認められることや、15年度に控除額が引き上げられるなどして人気が高まった。しかし、自治体間の返礼品競争が過熱したため、総務省は返礼品を寄付額の3割以下の地場産品に限定する新制度を19年6月に導入した。大阪府泉佐野市など4市町は、それ以前に基準を示した告示に従わなかったとして除外された。これを違法として泉佐野市は同年11月に提訴。しかし大阪高裁は30日、同市からの請求を却下。市は、今後も全面的に争う姿勢を示している。

総務省に厳しい地方紙

まずこの問題に関する地方紙（京都新聞、南日本新聞、神戸新聞）の見解を、その社説から見ることにする。

京都新聞（1月31日付）の社説は、豪華な返礼品を贈ることで寄付を募っていた泉佐野市の姿勢を「確かにやりすぎの面はある」とする一方で、「総務省が返礼品を法規制する新制度を始めたのは昨年6月である。規制前の行為を除外の判断理由にしたことや、それを是認した司法判断は理解に苦しむ」とする。つまり判決は、総務省が「後出しじゃんけん」で自治体を統制することにお墨付きを与えたとして、「国と地方の関係を『上下・主従』から『対等・協力』に転換させる地方分権の流れを後退させかねない。地方に対する支配が再び強化」されることを危惧する。

さらに、「問題は返礼品だけではない。ふるさと納税制度は、特定の自治体に寄付すれば自己負担分を除いた額が居住地の住民税から差し引かれる仕組みで、都市部では住民税がマイナスとなる例も目立つ」ことを指摘し、「制度そのものがはらむ矛盾についても抜本的見直しが不可欠」とする。

南日本新聞（1月31日付）も、同市の姿勢に対して「本来の趣旨に沿ったやり方ではなかった」とする一方で、「判決が、新しい法を施行以前にさかのぼって適用できない『法の不遡及《そきゅう》』の原則を超えてまで、総務相の裁量権を認めたのには疑問が残る」として、「対等であるべき国と地方のありように禍根を残した」とする。

さらに「15年には減税対象となる寄付額の上限を2倍に引き上げて自治体間の競争を促す」が、「返礼品のルールづくり」は後手。他の自治体から不満の声が強まると「返礼品調達費は寄付額の30％以下」「返礼品は地場産品に限る」と〝後出し〟の通知を連発、自粛を要請する。そんな総務省の「制度設計の甘さと自治体への高圧的な姿勢」を指弾する。

神戸新聞（1月31日付）は、同市にも問題はあることを認めつつも、「法制化前の行為を理由にした介入を許せば、国の都合で自治体の取り組みを自由に制限できる。言うことをきかない自治体への『見せしめ』がまかり通れば、地方自治の萎縮を助長しかねない。国と地方を『対等・協力』関係と位置付けた、地方分権一括法に逆行する」と、手厳しい。

そして、新制度においても続く返礼品競争を「制度自体が持つゆがみ」とし、当該納税制度が狙った地方の財源確保は、「交付税や税源移譲などで実現するのが筋」とする。

泉佐野市に厳しい全国紙

産経新聞（2月3日付）は、判決に対して「返礼品競争そのものを『弊害』と指弾した判断は、十分うなずける」とする。

そして、関係者には「なりふり構わないやり方」（泉佐野市）、「過度な返礼品を出した姿勢」（他の自治体）、「お得感につられる姿勢」（寄付者）、そして「制度の欠陥、後手に回った見直し、返礼品競争を過熱させた責任」（総務省）について反省を求めたうえで、「よりよい地方の創生を目指す契機」としてこの判決を受け止めよとする。

朝日新聞（2月2日付）は、市に対しては「節度のない泉佐野市のふるまいは、判決が指摘するように、厳しく批判されて当然だ」、総務省に対しては「自治体と信頼関係を築く努力をどこまで重ねたのか。『上下・主従』の目線はなかったか。法廷闘争にまで発展した要因を、省みる必要がある。そもそも、ふるさと納税は制度設計の甘さから、さまざまなひずみを抱えたままだ」と、それぞれの問題点を指摘する。そして、「自治体が福祉などに使う民生費は10年間で、9兆円あまり増えた」ことから、「地方財政と税制の全体を見回した改革」の必要性を指摘する。

読売新聞（2月3日付）は、「総務省の対応が後手に回った感は否めない」としつつも、「泉佐野市は、その地方とは無縁のギフト券を大量に提供した。集めた貴重な寄付金を返礼品の調達経費などに充てた。こうしたやり方が制度の趣旨を逸脱しているのは、誰の目にも明らかだろう」と厳しい。そして自治体に対しては、「地域の課題や独自の政策をアピールし、賛同を得られるよう努力」することで、「本来の趣旨に沿った、地方の活性化につながる取り組み」を求めている。

日本経済新聞（2月1日付）は、「異常な寄付集めを断罪することを重視した判決」「年間500億円近い寄付を集めた泉佐野市は批判されて当然だ。多くの自治体の理解も得られるだろう」、さらには同市の姿勢を「暴走」と表現する厳しい見解を示す。そのうえで、「返礼品のルールがないなど総務省の当初の制度設計に不備があったのは確か」とする。

毎日新聞（1月31日付）は、「新制度移行までの間隙《かんげき》を突いた寄付集めなどで、泉佐野市は昨年度約500億円もの寄付を荒稼ぎした。高裁判決は『極めて不適切』だと指摘した。異常な手段で他自治体の税収を事実上横取りしたことは、批判されてしかるべきだ」と、市の姿勢を糾弾する。

その一方で、「国の裁量による制裁の余地を広げ、地方との対等な関係をゆがめるおそれがある」として、「法律による規制以前の行為であっても、国による除外は裁量権を逸脱しないとした高裁判断には疑問が残る」とする。

そして、「返礼品の上限を定めた新制度がスタートして半年以上たったが、地域支援と無縁のカタログショッピング化したゆがみが是正されたかは疑問である。問題を根本的に解決するためには、やはり返礼品を廃止するしかあるまい」とする。

泉佐野市は法を犯したのか

泉佐野市は多額の負債を抱えて財政破綻寸前だったが、ふるさと納税で市の財政規模に匹敵する寄付金を集め、市内の小中学校になかったプールの整備などを進めてきた。「（財政難で）市民サービスが他の自治体より遅れ、ふるさと納税を活用してきた」「国に従わなかったことで不利益な扱いをするのは、地方自治法に反している」「主張が全く認められず、到底受け入れ難い」と、泉佐野市長の千代松大耕《ひろやす》氏は、判決後の記者会見で語った。

書きぶりで判断すれば、地方紙は総務省に厳しく、全国紙は泉佐野市に厳しい。その違いは、苦悩する地方自治体の現実を知っているか、知らないかによるもの。同市は法を犯したわけではない。与えられたルールの中で、ぎりぎりのプレイをしてきただけ。裁かれるべきは、現場に無知無関心な役人、官僚、政治家、そしてジャーナリズムである。

「地方の眼力」なめんなよ

「結論ありき」を支える「非科学的架空予測」（2020・02・12）

「北村大臣が不憫だ。見てはいけないものを見てしまった気分に襲われる。この答弁不能はNHKもオンエアに二の足を踏むのではないかという悲惨な状態にあるからだ。誰かせめて大臣職を辞するよう勧めた方がいい。バレバレの被り物にしても思考がまともに機能しているとは思えず、晩節を汚すばかりだろう」（立川談四楼氏のツイッター、2月11日付）。

究極の適材大臣

東京新聞（2月11日付）によれば、公文書管理を担当する北村誠吾地方創生担当相の答弁があまりにも迷走しているため、野党共同会派の山井和則氏（無所属）が「一刻も早く代わっていただいたほうが国民のためになる」と辞任を求めたそうだ。

しかし、国民のためになることは安倍政権のためにはならない。政治不信、政治家不信を増長させ、国民が政治や選挙に無関心、さらには虚無的になることを目指している政権にとっては、究極の適材大臣。安倍首相が辞めさせるはずがない。

以心伝心というべきか、北村氏は記者会見で「引き続き真摯《しんし》に職責を果たしたい」と語っている。でも無理。

既成事実が積み上げられる石木ダム問題

２０１９年９月18日の当コラムで取り上げたが、この北村氏は地元長崎県佐世保市における大臣就任凱旋記者会見において、「石木ダム」建設問題に言及。「みんなが困らないように生活していくには、誰かが犠牲、誰かが協力するという積極的なボランティア精神で世の中は成り立っている」と、古里であり日々の生活の場でもある所を、納得できない理由で追い払われようとしている人々に、ボランティア精神を説くほどの不見識をさらけ出した。公文書管理や地方創生などを所管できる人ではない。

その石木ダム問題。

長崎新聞（２月６日付）によれば、長崎県が新年度一般会計当初予算案に、基礎掘削工費や地質調査費など計約８億円を盛り込む見通しから、石木ダム本体建設予定地の掘削工事に着手する方針を固めたとする。もちろんこの本体工事費の予算計上で、「反対住民がさらに反発するのは必至」であることも伝えている。

同紙26面と同日の西日本新聞佐世保版は、当該事業における行政代執行による土地の強制収用に反対している超党派の議員連盟（参加者は国会議員を含む13人）が、５日にダム建設に伴う県道付け替え道路の工事現場を視察したことを伝えるとともに、参加議員のコメントを紹介している。

「県道は住民の生活道路で、使えなくなると影響が大きい。道路を使えなくすることで、反対住民を心理的に追い込み、立ち退きを迫るような状況にならないよう警戒したい」（長崎県議・堀江ひとみ氏）

「住民の命や生活を最優先に考えてほしい」（東彼杵町議・林田二三氏）

「強制収用は人権侵害だ」（衆院議員・初鹿明博氏）

本当に水源は不足しているのか

長崎新聞（2月5日付）は、佐世保市水道局が利水面の事業再評価でまとめた水需要予測について、全国の研究者らでつくる「ダム検証のあり方を問う科学者の会」（河川工学が専門の今本博健・京都大名誉教授らが共同代表で賛同者は約120人）が4日に、「科学性が欠如している」として根元から見直すよう求める意見書を水道局に提出したことを伝えている。

市水道局は1月、再評価の諮問委員会に対し、2038年度までの水需要予測を提示。全体の6割以上を占める生活用水について、人口が減る一方で、1人当たりの水使用量が全国の同規模都市の水準に近づき徐々に増えるため、横ばいで推移すると想定。確保が必要となる水量に対し、水源が足りないとしている。

これに対して意見書は、給水量の実績値は減少傾向にあることを挙げ「非科学的な架空予測」と指摘。1人当たりの水使用量は「節水型機器の普及や開発が進み、増加傾向に転じることは考えられない」と強調。「現実性が疑わしい水需要増加要因を積み上げている」としている。

意見書を市の担当課長に手渡したダム建設に反対する市民団体「石木川まもり隊」は、ダム建設を推進する立場の委員が含まれるなど「（諮問委）構成に問題がある」ことなどを問題視し、改善を申し入れたそうだ。

ところが、2月7日付の同紙によれば、市水道局が進める利水面の事業再評価について第三者の意見を聴く、市上下水道事業経営検討委員会（武政剛弘委員長）の2回目の会合が6日開かれ、水道局はダム以外の代替案や費用対効果を検証した結果として「事業継続が妥当」とする方針案を示した。検討委はこれを了承し、次回以降の会合で結論をまとめ、答申する予定とのこと。

同日の審議で市水道局は、石木ダムで賄う水源量（1日4万立方メートル）の代替となる可能性がある14の案を検証したことを報告。このうち、地下水を取水する案は「有力な地下水を発見できていない」、海水淡水化施設を整備する案も技術面などで課題が多く「立案困難」と分析するなど、いずれの案も実現性などで、「石木ダム以外に有効な方策がない」と結論づけた。

費用対効果についても、石木ダムの建設費と50年間の維持管理などの総費用は約757億円と試算。ダム整備で得る便益額（渇水時の給水制限による被害額）は約4026億円と算定し、効果が大きいとした。

検討委では、水道局の方針案に異論は出ず、「妥当」とする意見で一致したそうだ。

もちろん、「石木川まもり隊」の松本美智恵代表は、「住民に丁寧に説明しようという姿勢を感じない。代替案も具体的な数字が示されず、形だけの審議だ」と批判している。

科学的反論なき答申は無効

佐世保市水道局が、14にもおよぶ「石木ダムで賄う水源量（1日4万立方メートル）の代替案」を検証したことを知ると、いろいろな状況を勘案した結果として、納得する読者も少なくないだろう。しかし問題は、本当に1日4万立方メートルにもおよぶ水源量が必要なのかという点である。それも、住民を石もて追うような仕打ちをしてまでも。

大本の所の科学的な検討がない限り、何十何百の代替案を検討しようが、「やってる感」を示すだけの無駄な努力。このような姿勢が続く限り、「結論ありき」という正当な批判を免れることはない。

佐世保市上下水道事業経営検討委員会の武政委員長は長崎大学名誉教授とのこと。武政氏は研究者の名にかけて、市水道局が利水面の事業再評価でまとめた水需要予測を「科学性が欠如している」とする、「ダム検証のあり方を問う科学者の会」の意見書に対して、科学的に反論すべきである。科学的反論なき答申は無効。

「地方の眼力」なめんなよ

日本経済まで沈没させる気か

（2020・02・19）

共同通信社は全国の有権者を対象に2月15、16日に世論調査を行った（対象者2038人、回答率50・5％）。「新型コロナウイルスの感染拡大による日本経済への影響」への質問に対して、「懸念している」38・5％、「ある程度懸念している」44・0％、「あまり懸念していない」12・1％、「懸念していない」4・8％の回答。懸念の有無で大別すれば、「懸念有り」82・5％、「懸念無し」16・9％、となっている。

GDP　年6・3％減　経済「危険水域」に

2月17日の夕刊各紙は、内閣府の発表に基づき、2019年10～12月期の国内総生産（GDP）において、消費税増税や自然災害によって、大幅なマイナス成長に陥ったことを伝えている。消費税増税対策にもかかわらず、駆け込み需要の反動減を防げず、20年1～3月期も新型肺炎の影響で、訪日中国人観光客の支出の減少が成長率を押し下げ、中国での生産活動や消費の低迷による日本企業の対中輸出や設備投資の減少を予想する。さらに、日本国内でも外出などの自粛ムードが広がり、消費が冷えることを想定し、日本経済が「危険水域」に入り込みつつあるという認識を示している。

緩やかに沈みつつある

日本経済新聞（2月18日付）の社説は、「日本経済は予断を許さぬ局面を迎えた」と危機感を募らせ、「今回は足腰の強さが問われる」とする。「当面、新型肺炎がインバウンド需要の激減にとどまらず、国内消費の手控えにもつながるのは必至だ。中国経済や国際物流の混乱に対応した、懐の深い代替戦略の成否も企業業績を左右する」が、「世界経済が一気に腰折れすると過度に悲観するのは時期尚早」とのこと。「米国は消費や雇用が力強い。劇的に進む経済デジタル化への期待感は揺らいでおらず、株式相場はなお高値圏を維持し、金融緩和の余地を残している。中国当局も景気のてこ入れへ政策総動員で臨むだろう」というのが、その理由。その上で、「新型肺炎の周到な封じ込め」を喫緊の課題にあげ、「企業経営者と政策当局者の実力」を問うている。

毎日新聞（2月18日付）の社説は、「昨年7～9月期の成長率は0％台と増税前から消費が振るわなかった」として、「増税に加え、台風や暖冬が影響した」とする政府の説明に異を唱えている。さらに、「消費底上げが後回しになってきたアベノミクスの問題点を直視すべき」とするとともに、「新型肺炎の影響が広がり、最近はマイナスが続くとの厳しい見方が増えている」ことを紹介する。そして、「春闘で賃金を積極的に上げる」ことで、消費下支えを担うことを企業に求めている。

産経新聞（2月18日付）の主張は、「いまだに政府が景気認識を『緩やかに回復している』としたまま」であることに違和感を禁じ得ないとし、「実体経済の変調を踏まえて従前の景気認識を改め」、万全の対策を大胆に講じることを求めている。

読売新聞（2月18日付）の社説は、政府が「緩やかに回復している」との景気判断を維持しているものの、「主要な経済指標から算出される景気動向指数の基調判断は、5か月連続で『悪化』を示す」としたうえで、「賃金や設備投資が抑えられ、内需が冷え込む事態は避けねばならない」とする。

悲観的にならざるを得ない地方経済

「消費税増税、気候変動、米中対立のトリプルパンチが効いた。新型肺炎の影響も出始める中、雇用への波及を全力で防ぐべきだ」とする東京新聞（2月18日付）の社説は、「雇用については大企業の経営者に強くくぎを刺しておきたい」として、「景気状況に動揺し、足元の決算対策に向けた安易なリストラや下請けへのコスト転嫁を行うことは経済全体を収縮させるだけだ。より高い視点に立った経営判断」を求めている。

北國新聞（2月18日付）の社説は、「北陸は製造業の生産が弱含み、日銀の地域経済報告（さくらリポート）で景気判断が引き下げられた。石川県経営者協会が会員企業のトップに行った今年の景気見通しに関するアンケートによると、昨年と比べて『良くなる』と回答した企業は、全体の9・5％にとどまり、過去10年で3番目に低い数字だった」とした上で、「今年の1～3月期も新型肺炎の影響などでマイナス成長が続く可能性がある。景気の減速感はこの先、より鮮明になってくるのではないか」と、地域経済の実態に基づいた悲観的予想を立てている。

政府が、「昨年末に組んだ大型経済対策の効果が4～6月には出てくると期待している」ことについても、「4月から『働き方改革』の残業規制が中小企業にも適用されると、残業代は減るだろう。そうなれば個人消費が落ち込み、経済対策の効果が相殺されてしまいかねない」として、「さらなる景気の落ち込みに備え、東京五輪後を見据えた新たな経済対策を検討すべき局面」とする。

さらに、厚生労働省が発表した毎月勤労統計調査（速報）によれば、昨年の労働者1人当たりの給与総額が、「月平均で前年比0・3％減」「名目賃金から消費者物価指数を除いた実質賃金も前年比0・9％減とマイナスに転じている」ことから、「給与総額がマイナスに転じた理由は、大企業だけとはいえ、残業代の削減が響いたからではないのか」とする。そして、「世帯収入が増えなければ、GDPの6割を占める個人消費は冷え込み、景気は上向かない。消費税増税と働き方改革という二つのマイナス要因がGDP悪化の背景にある」とする。

南日本新聞（2月18日付）の社説も、「働く50代男女の80％超が『定年後も働かなければ不安』と感じ、ほとんどの人が老後の生活資金を理由に挙げた」という民間調査結果から、消費の弱さの背景として、「社会保障などに対する国民の根強い不安」をあげている。さらに、「金融庁の審議会が昨年、老後に2000万円の蓄えが必要とする試算を公表したこともあり、消費者心理を冷え込ませたと考えられるだろう」とする。政府に対しては、「国民の将来不安解消とともに、内需拡大につながる方策が欠かせない」と提言する。

もうお前は詰んでいる

冒頭で取り上げた世論調査の続き。安倍内閣について、「支持」41・0％、「不支持」46・1％。「支持」する理由は、「経済政策に期待できる」が10・0％。「不支持」の理由は、第1位が「首相が信頼できない」37・1％、第2位が「経済政策に期待が持てない」25・2％。彼の経済政策、つまりアベノミクスには多くの人が期待していない。

さらに、「カジノを含む統合型リゾート施設（ＩＲ）整備を進めてよいか」については、77・5％が「見直すべきだ」とする。「『桜を見る会』に関する安倍晋三首相の説明」については、84・5％が「説明は不十分」とする。「モリ・カケ・サクラ」など、さまざまな疑惑で「もうお前は詰んでいる」。このままでいくと、日本経済までも詰ませて、日本を沈没させること必至。彼に引導を渡すべき時が来たようだ。遅いぐらいだが。

「地方の眼力」なめんなよ

コロナが見せる風景

（２０２０・02・26）

２０２０年2月25日の衆議院予算委員会第六分科会において、新型コロナウイルスの政府の会議を欠席して、地元の新年会に出席した小泉環境相は、小川淳也氏（立憲民主党）の「謝罪」要求に応じなかった。

小川「反省はするが謝罪はしないという立場を貫かれているように受け止めている。これ、率直に謝罪した方がいいんじゃないですか」

小泉「謝罪をということだが、私が横須賀に戻った事実は謝ったところで変わらない。……してしまったことは変わらないので、これから同じようなことがないように、しっかり取り組みたい」と、すっとぼけたご回答。

例えば、コマツがコイズミを殴った。謝罪を求められたコマツが、「反省はしている。しかし謝罪しても殴った事実はなくならないから謝罪はしない。今後同じような行為をしないように努力するのみ」と言っても、世の中通りません。

洋七師匠、ＧＡＰと東京オリ・パラを斬る

そう言えば、小泉氏が自民党農林部会長の時に張り切って喧伝していたのが、ＧＡＰ（農業生産工程管理）。日本農業新聞の人気コーナー「島田洋七の笑ってなんぼじゃ！」（2月23日付）が、東京オリンピック・パラリンピックの選手村で使う食品をテーマにしていた。

洋七師匠は、まずＧＡＰ認証食材であることが義務付けられていることにツッコミを入れる。

「もちろん、安全で安心できる農産物を作ることは大事なこと。けど、この認証をもらうのには、多いものでは200以上にわたるチェック項目をクリアせんとあかん。認証を受けている国内農場数は全体数のごくわずかという状況らしい」。その理由は、「審査費用や登録料、それに時間も手間もむちゃくちゃかかるからや。そら、個人でやってる小規模な農家は、そんな認証取れへんよ」と、バッサリ。

返す刀で、「だいたいあんな暑い時期にオリンピックをやるのもおかしいわ。マラソンを無理やり札幌で開催したりせんと、もっと涼しい時期にずらしたらええやん。……ちっとも選手ファーストちゃうやん」とまで、斬り込む。

そして「『参加することに意義がある』というてた時代から、えらい遠いとこに来てしもたように思う。メダルの数を競うのもアホらしいよ。本来のオリンピックに立ち戻って、もっと選手のことを考えた大会になってほしいと思うよ」と、とどめを刺す。

偶然なのか合わせたのか、同じ紙面で論説もこのテーマ。

その趣旨は「五輪に向けた工夫や努力、挑戦を大会で終わらせず、次世代につなぐ日本の『食と農のレガシー（遺産）』づくりの契機にしたい」に凝縮されている。

まず茨城県が「県GAP第三者確認制度」を作り、認証農場を増やしてきたことを紹介し、「GAPは選手村などで使う食材の条件で、既にJAなど27団体・個人、延べ34品目が認証を取得した」ことを伝えている。そして大会期間中集まる選手や観客数が、1000万人超と見込まれることから、「一大商機に違いなく的確・迅速な対応が重要だ」が、一過性で終わらせるのは惜しいので、「東京五輪後を考える視点を持つことが大切」と、発破をかける。

洋七師匠と同じように近代五輪の父、クーベルタンの言葉をあげるが、残念ながら捻りがない。

「農業関係者は多様な形で主体的に関わってほしい」「東京五輪を通じて次代の農業に何を生かし、次代の担い手に何を残し、消費者に何を伝えるか考えることは重要だ」、最後は「日本の食と農にとってかけがえのない経験と財産になる」と、アベやモリが泣いて喜びそうだが、なんとも腑に落ちないオチ。東京五輪と「日本の食と農のあり方」は無関係ですから。

勉強して、「踊るあほ」役人で人生を終えるのですか

日本農業新聞（2月24日付）には、「日本の食と農のあり方」についての政策を提案する農水省が、農業政策に自由で柔軟な発想を取り入れることを狙って始めた、若手職員らから政策アイディアを募る3つの試みを伝えている。

（1）政策オープンラボ：政策立案を希望する職員が自らの構想を発表する場として、2018年度にスタート。アイディアが幹部職員に採択されると、業務時間の1から2割を調査や分析などの活動に充てることができるとのこと。これまで9のプロジェクトが対象になったが、現時点で政策として採用されたことはないそうだ。

（2）政策のタネコンテスト：自ら思い付いたアイディアを自由に発表できる場。19年6月に始めてこれまで2回開催、38件の応募。「企画の能力を高めるということが、われわれ行政官には必要」と指摘し、政策立案の発想力を磨くことを課題にあげたのは、2回目に出席した末松広行事務次官。

（3）チーム2050：若手職員を中心に16年に発足した自発的勉強会。コンセプトは「50年の未来を見据える」。農家グループや経団連などの外部組織とも交流し、2月上旬には、JA全農との意見交換会を企画とのこと。「外部と幅広く対話し、柔軟な発想を養うことにつなげたい」とは同省政策課。

どれも、これも、悪いことではない。人間一生勉強。しかし次のような発言をする先輩官僚が上司だとすれば、この努力が浮かばれる日は遠い。

同紙（2月25日付）において、山田優氏（同紙特別編集委員）が伝える現役農水官僚らの内々話が興味深い。それによれば、「今の輸出政策の怪しさは重々承知しつつ、政権への忖度でものが言えない。逆に輸出と名付ければ、予算はたっぷりと降ってくるバブル状態。『同じあほなら踊らにゃ損だ』」と、自虐的に語る同省幹部もいたそうだ。

悲しいかな想定内。しかし冷静に考えてみよう。「踊るあほ」には、それなりの処遇が期待される。それを佐川宣寿氏をはじめとする嘘つき官僚たちのその後が教えている。しかし、踊ったことが、農業、さらには第一次産業にもたらす災厄は長期に及ぶもの。場合によっては、取り返しのつかない事態をもたらすことも容易に想定される。矜持を捨てた、罪深き官僚を上司に持つ若き役人たちが、本当に学ぶべきは何か。それこそが問われている。少なくとも「オクハラ病」が完治しない限り、農水省に多くを期待することはできない。

コロナ拡大よりキャンセル料が怖いタロウ

またまた同紙（25日付）ですが、新型コロナ拡大で自民各派が集金目的の政治資金パーティーの開催に苦慮していることを伝えている。約3000人を見込む麻生派は「キャンセル料が高くつく」（幹部）として、現時点では開催に踏み切る構えとのこと。あの親分も、コロナ拡大より自腹切るのが怖いのか。アソウだ、全員マスクすればいい。反社の方々も堂々と来られますからネ。

「地方の眼力」なめんなよ

アベ地獄（2020・03・04）

「弱っちゃったよ。キャンセルが続いてさ。ウチだけじゃないとは思うけど。これ一カ月続いたら、金借りて、しのぐしかないかな」と、窮状を語るのは飲食業を営む息子。かける言葉に窮して「経営者の腕の見せ所だな」と、取って付けたような言葉しか掛けられない自分が情けない。嗚呼、無能。

しばらくして、彼から「トイレットペーパーが無い。有るならとりあえず買っといて」という電話。買い出しから戻った妻の第一声は、「どこにもなかった」。嗚呼、紙様。

子分たちにも伝わらない「思い」って何

「トイレットペーパーやティッシュペーパーの原材料がマスクに使われるとのデマが元で、買い占めに走る動きが県内でも出ている。安倍晋三首相は新型肺炎の拡大を受けた29日の会見で、自らが決断した全小中高校の臨時休校について、子どもの集団感染を起こさないためとして、国民に理解を求めた。その上で、拡大防止へ『あらゆる手段を尽くす』と繰り返した。首相が適切なリーダーシップを発揮することは必要だが、まずは自身の独断が混乱を招いたことを深く反省すべきだ。今回の失態を教訓に、国民を置き去りにすることなく、感染の終息へ着実な対策を講じてもらいたい」と、猛省を促すのは新潟日報（3月1日付）の社説。

当コラム、これまでの所業の数々から、安倍氏の言動は一切信用しない。故に、「私の責任で万全の対応を取る」「結果責任から逃れるつもりは毛頭ない」といった彼の「思い」は、「嘘つきがまた嘘を重ねてら〜」ってレベル。

その証拠に、感染拡大を抑えるために彼が大規模イベントの自粛を呼び掛けた2月26日に、首相補佐官である自民党の秋葉賢也氏は地元で政治資金パーティーを開いていた。それも、政府の専門家会議が自粛例に挙げる立食形式で。

毎日新聞（3月3日付）によれば、安倍首相は秋葉氏を直接注意するとともに、政府の新型コロナウイルス感染症対策本部の会合を欠席した小泉進次郎環境相、森雅子法相、萩生田光一文科相の3閣僚に対しても、菅義偉官房長官を通じて注意したそうだ。

また、政府の対策本部が「感染しやすい環境に行くことを避ける」などとした基本方針を取りまとめた2月25日夜、妄言やヤジで資質に問題を抱える杉田水脈衆院議員が政治資金パーティーを開催。そこに、西村康稔経済再生担当相、北村誠吾規制改革担当相、竹本直一科学技術担当相の3人が雁首を揃えていたことも認めた。

要するに、安倍氏の「思い」は子分たちにも伝わらぬ「軽い」代物。

東京事変、自粛大変

東スポWeb（3月2日、17時10分配信）は、政府の要請を受けて、芸能界でもEXILEやPerfumeらが次々とライブを中止・延期する、自粛ムードの中、椎名林檎さんがボーカルを務める「東京事変」が2月29日、東京国際フォーラムでのライブを〝敢行〟したことを取り上げている。注目すべきは、次の指摘。

「公演を中止・延期したら、それこそ生活が成り立たず、倒産・破産に追い込まれる人がいることも忘れてはいけない。芸能関係者は『今回のようなライブを自粛した場合、保険が下りる可能性は低い。となると、体力のある芸能プロダクションならば何とかしのげるだろうが、小さいプロダクションとなると、キャンセル料などを払っていたら体力的にもたない。潰れるところも出てくるのでは』。これからも難しい判断を迫られるケースは増えていくはずだ」。

自民党の皆さん、とくに安倍一族の皆さん「隗《かい》より始めよ」。わかるかな?

ハナはどうなる、ミルクはどうする

日本農業新聞（3月3日付）は一面で、洋花を中心に相場の下落が続いていることへの不安の声を紹介している。

「式は来年を見据えての延期が多く、見通しが立たない。注文は当初の半分ほどになるかもしれない」（東京の仲卸業者）。

「市場は閑散として物が余っている。生け花の展示会も中止が相次ぎ、……枝物やギフト関係も厳しい」（東京の生花卸）。

「洋花をはじめ今後の販売に打撃が大きい」（JAあいち経済連花き課担当者）。

「今のところ計画通りの出荷を続けているが、今後の価格動向が心配だ」（浜松市ガーベラ生産者）。

西日本新聞（3月3日付）も学校給食の牛乳を納入している地場メーカーが、頭を抱えていることを伝えている。

12万本分を受け持つ永利牛乳（福岡県太宰府市）は、出荷先の7割が学校給食。「経営的に大打撃だが、それだけでなく乳牛を育てる酪農家にまで影響が及ぶのは必至だ」（長谷川敏社長）という。福岡県の場合、学校給食の牛乳納入は、大手2社と地場3社で分担。夏、冬、春の長期休暇の際は、酪農団体とも連携した計画生産により需要減に対処しているとのこと。乳牛は搾乳を止めると乳房炎を起こして死ぬ恐れが高くなるため、生乳の生産調整は難しく、乳製品加工に回す分を調整して需給バランスを取るのが通例。しかし、今回のように、少なくとも……約3週間分の需要が全国一斉になくなる事態は想定しておらず、加工部門での即座の受け入れは困難。行き場を失った生乳は廃棄せざるを得ない状況になりかねないそうだ。「学校給食への安定供給という使命感で、廃業した同業の受け持ち分まで努力して引き受けてきた業者も多い。先行きが心配だ」とは長谷川氏。

やはり不備でずさんな「一律休校」

東京新聞（3月3日付）は、「専門家から意見聴かず」「文科相には知らせずに」「高精度検査数伸ばせず」「専門家会議議事録なし」の4拍子揃った政府対応の不備を告発している。

まず、安倍晋三首相が休校要請の是非について「直接専門家の意見を聴いていない」と語り、萩生田光一文科相は、「全ての準備をすることにはかなり無理があった」と配慮不足を認めた。

加藤勝信厚労相によれば、検疫所など公的機関とは別に民間や大学などで行える検査が、現在の1250件から、3月10日に1845件まで増える程度で、高精度で検出するPCR検査の受け入れ能力は大きく伸びないとのこと。

さらにこれまで3回開かれた政府対策本部の専門家会議のうち、2回は議事録を作成していなかった。

2月29日の記者会見で安倍氏は、「率直に申し上げて、政府の力だけでこの闘いに勝利を収めることはできません。最終的な終息に向けては、医療機関、御家庭、企業、自治体を始め、一人一人の国民の皆さんの御理解と御協力が欠かせません」と語った。

4拍子揃った、不備でずさんな「一律休校」や自粛要請で大きな痛手を被っている国民に、何を理解し、どのような協力をしろというのか。1時間にも満たない会見で、質問を求める多くの挙手を無視して私邸に逃げ帰る輩。彼を信じる者に待ち受けるのは、アリ地獄ならぬアベ地獄。そこに落ちたくないのなら、彼とその子分たちに政治の世界から去っていただくしかない。

アベに刃物は持たせるな

（2020・03・11）

高知新聞（3月6日付）には、興味深い記事多数あり。

コラム「小社会」によれば、「貧しさゆえに恋愛と結婚、出産を諦める若者たちを、韓国では『三放世代』と呼ぶ」そうだ。「少子化日本にも同じ空気は流れていよう」とし、「格差是正は映画の中にとどまらず、今やグローバルな課題。これを諦めることだけはしたくない」と、訴える。

なぜか岡山二段重ね

社会面に目を転ずれば、岡山関連の褒められない記事が二段重ねとなっている。

上段には、「服飾大手社長セクハラか」の見出しに、当事者石川康晴社長の写真付き。岡山市に本社を置く、ストライプインターナショナルの社長に関するセクハラ疑惑問題。２０１８年12月、当時の取締役が4件の疑惑を提起したことで査問会が開かれた。そこでは、被害者とされる社員の申告がないことなどからセクハラは認定されず、「女性社員との……距離の近さに問題がある」として、「厳重注意」となったそうだ。

石川氏は、翌19年3月から内閣府の男女共同参画会議の議員も務めていたが辞任する意向を表明した。なお朝日新聞DIGITAL（3月6日18時53分）によれば、6日時点でもセクハラ行為については認めてはいない。同日開かれた臨時取締役会で「一連の報道でお騒がせしており、会社への影響を考えて辞任したい」と申し出たとのこと。ただし、同社株式の40％を保有し、オーナである立場は変わらないようだ。

下段には、「加計　韓国不当不合格報道」の見出し。設置をめぐる疑念が今も消えることのない加計学園が運営する、岡山理科大学獣医学部（愛媛県今治市）の入試において、韓国人受験生が不当に扱われたことを3月5日発売の週刊文春が報道した。これに関して、5日の参院予算委員会で石川大我議員（立憲民主党）が質問。同学部の設置問題に深く関与していた萩生田光一文科相は、「大学側に事実関係の確認と速やかな回答を求めた」と答弁。同日、学園側は「入学選抜試験は一貫して適正に実施している」とのコメントを出した。

週刊文春の記事は、「獣医学部獣医学科が昨年秋に実施した推薦入試で韓国人受験生8人の面接試験が一律で0点とされ、全員不合格になった」ことを報じたものである。

2019年3月まで大学教員として、いやになるほど推薦入試に関わった者として、8人の受験生が全員0点であることは信じられない。8人が同一国籍であることから、不合格に導く極めて強い意思が働いたことが容易に想定される。

緊急事態宣言は劇薬

そして、高知新聞の社説は、新型コロナウイルスの感染拡大への対応を巡り、安倍晋三首相が法整備に乗り出すことを決め、野党5党の党首に協力を要請したことを取り上げている。法改正の基本は、2013年施行の新型インフルエンザ等対策特別措置法の対象に新型コロナウイルス感染症を追加することである。

社説子は、首相が宣言する「緊急事態宣言」が「人権や経済的私権の制限という『劇薬』を伴うこと」に、強い危機感を滲ませ、「あえて法改正し、追加する根拠は不透明だ」とする。さらに「安倍首相は既に、イベントやスポーツの自粛や小中高校の一斉休校を要請し、さまざまな混乱を経て実施されている。首相はこれらの判断を政府の専門家会議に諮らずに、政治判断で決めた。現在の措置には科学的根拠もない」ことを指摘し、「劇薬の使用には慎重なうえにも慎重でなければならない」と、くぎを刺す。

「本音のコラム」3連発

東京新聞の「本音のコラム」においても、3人の識者が連続してこの問題に厳しい声をあげている。

3月9日、宮子あずさ氏（看護師）：科学的根拠無き号令を「政治判断」と胸を張る現政権の幼さには愕然とするばかりである。この乗りで緊急事態を宣言され、私権が制限されるのは恐ろしいことだ。独善を避けるための手順も踏まず、科学的根拠を軽んじる人間に、これ以上の権力を与えてはならない。

3月10日、鎌田慧氏（ルポライター）：水際の防疫に失敗して全校休校の強行。官房長官も文科相もアッと驚く暴政（非正規労働者の死活問題）だった。いま、どさくさまぎれに「緊急事態宣言」を伴う法律を強化しようとする。憲法改定の重要な柱「緊急事態条項」導入。油断も隙も内閣だ。

3月11日、斎藤美奈子氏（文芸評論家）：大地震であれ感染症であれ、すべての自然災害は人災化する。だから戦争や政治的な動乱に似るのである。権力はそこにつけ込む。緊急事態だ非常時だという文言は魔の囁き。注意したほうがいい。

「伝家の宝刀」を持たせていいのか。アベだぜ!アベ、ヤベェ!

当該法の改正案は3月10日に閣議決定され、国会に提出された。11日に衆院内閣委員会で審議入りし、13日の参院本会議で成立する見通し。毎日新聞（3月11日付）によれば、「国会審議では、緊急事態宣言の発令要件や、発令後に可能となる外出自粛要請などの『私権制限』にどう歯止めをかけるかが焦点となる」とのこと。ここでも熟議なき審議か。

同紙で川本哲郎氏（同志社大教授・刑事法）は「特措法で多くの私権制限が可能となるが、実際に強権発動の必要性はほぼないと見ている。イベント自粛や一斉休校など首相の要請を、多くの人が聞き入れているためだ。最後のとりでとしての強制力は必要だと思うが、行使は慎重な姿勢が要請されるので、監視していく必要がある」と、楽観的なコメントを寄せている。

東京新聞（3月11日付）で水島朝穂氏（早稲田大法学学術院教授・憲法学）は、「『緊急事態宣言』は国民の憲法上の権利を制限する恐れがある。……手段の副作用が極めて大きく、宣言を発する要件も明確ではない。……。首相はすでに2月に大規模なイベント開催や営業自粛、小中高校などの一斉休校要請を専門家会議や関係閣僚との協議を経ずに唐突に打ち出した。特措法改正はこれらの強引な手法を事後的に正当化する。検察官の定年延長などで無理筋の法律解釈をしてきた首相が『解釈ではなく立法が必要』というのは解せない。現行法を駆使して感染症対策に取り組むべきだ」と、懐疑的なコメントを寄せている。

西村康稔担当大臣が、「万が一に備えて準備するものだ。……そういう事態にならないことを望んでいる。まさに伝家の宝刀であり続けてほしい」と語っていた。西村氏には想像したくないことだろう。狂気の主が凶器を手にして狂喜乱舞する地獄絵図を。

「刀」だからこそ、「劇薬」だからこそ、持たせていい人かそうではない人かを峻別しなければならない。

明治生まれのばぁちゃんも言うてたよ（島田洋七風）、「あぎゃんオトコにゃ、刃物はもたすんな！」って。「地方の眼力」なめんなよ

（2020・03・18）

コロナウイルスとアベノウイルス

「感染症はグローバリズムの負の部分である。人の移動が活発になれば、感染症の拡大スピードも上がる。……。感染症だけではない。金融危機も、リーマンショックの頃よりも今の方が、おそらく深刻なものになる。グローバル化の光の部分だけに目を奪われて海外進出だ、インバウンドだと盛り上がってきた日本人は、これから手痛いしっぺ返しを受けることになるだろう。……。唯一、できるのは政府支出の拡大によって不況を和らげることだけだ。……。しかし、全てが後手後手に回る安倍政権に、積極果敢な経済対策を期待できるだろうか」（柴山桂太氏・京都大学大学院准教授、日本農業新聞（3月17日付））

北海道新聞の叫び。福島民友新聞の憂慮

「企業支援は一刻を争う」で始まる北海道新聞（3月15日付）の社説は、「新型コロナウイルスの感染拡大で、北海道経済が厳しい状況に追い込まれている。訪日外国人客の激減と道民の外出自粛で、主力の観光業を中心に企業の売り上げの落ち込みに歯止めがかからない」ことを伝えている。

「ホテルや百貨店、飲食店なども軒並み大幅な減収を強いられ、その影響は食材を供給する食品加工業、原材料を供給する酪農業や水産業にまで波及している」ほど深刻な事態にもかかわらず、「道の危機意識が足りない」ことを憂えて、「対策を国に丸投げしてよしとせず、自らも可能な限りの支援策を早急に打ち出すべきだ」と訴える。「政府の休業補償の対象外となった個人事業主に同等の支援をする」と決めた鳥取県の例をあげ、「道も『不要不急』の事業がないかを精査し、新型コロナ対策に予算を振り向ける努力をしてもらいたい」と、提案している。

福島民友新聞（3月15日付）の社説も、いわき市が行ったアンケートにおいて、「回答を寄せた同市の事業所の約8割が『影響がある』と答えた」ことや、「国は貸し付けを充実するというが、借金が増えるだけ」との声などから、地域経済への影響を憂慮している。14日の会見で安倍晋三首相が、今後の経済対策について「一気呵成《かせい》にこれまでにない発想で思い切った策を講じる」と述べたことに対しては、「事業者の不安解消につながる内容だったのだろうか」と、疑問を呈している。

トヨタといえども新型コロナに便乗するな

毎日新聞（3月15日付）の社説は、基本給を引き上げるベースアップ（ベア）の見送りや、前年実績を大幅に下回る低額回答が相次いだ、自動車や電機など大企業による2020年春闘の賃上げ回答を取り上げ、「新型コロナウイルスの感染拡大で消費者心理が萎縮する中、景気を一層冷え込ませかねない」と警鐘を鳴らす。連結営業利益が2兆円を超えているのに、「7年ぶりにベアを見送った上、定期昇給を含む賃上げ総額が前年実績を2000円以上も下回った」トヨタ自動車をその象徴的存在とする。

「日本がデフレから脱却できないのも、賃金が伸びず、個人消費が低迷し、物価を上げられないからだ」との専門家の見解を紹介し、「法人税減税や円安の恩恵を享受してきた企業は、18年度で463兆円もの現金など内部留保を抱えている」にもかかわらず、「新型コロナに便乗して賃上げを渋っているように見える。これでは個人消費を過度に冷え込ませ、日本経済への打撃を一層深める悪循環を引き起こしかねない」と、その便乗姿勢を指弾する。

ソンタクまみれの対策は後手で愚手

「『総理が言っちゃった→どうしよう→だったら失業手当ぐらい払えばいいか』そんな場当たり的な会話が聞こえてきそうです」と、痛烈に皮肉るのは荻原博子氏（経済ジャーナリスト、「サンデー毎日」3月22日号）。安倍首相が詳細を語らないまま小中高校の一斉休校を「言っちゃった」ので、加藤勝信厚労相が「休職する保護者が働く企業に日額8330円を助成する制度をつくる」と発表したことを指している。「小中学校・高校の児童・生徒数は約1312万人です（17年）。仮に保護者全員が3週間休むと、助成総額は約2兆3000億円。学校ではほとんど発症していないのに、意味はあるのか」と、疑問符を投げかける。

そして「その後、全員を対象にするとあまりにカネがかかりすぎことに気づいたのか、小学生の保護者だけに。非正規雇用の人は首相が発言しているので対象ですが、自営業者やカメラマン、スタイリストなど対象にならない人が多い。行き当たりばったりの首相の発言を『うそ』にしないため、役人が右往左往しているさまが見えるようです。これが『対策が後手』の原因でしょう！」とは図星のご指摘。

見方を変えるならば、「総理が何かを言う」まで、息を潜めて待っている、まさに指示待ち役人。安倍氏のご機嫌を損ねぬよう、忖度にまみれて出てきた対策は、もちろん後手で愚手。その程度のもので、新型コロナが駆逐できるはずがない。

そういえば、平成末期に元祖忖度官僚として名を馳せた佐川宣寿氏がまたまた注目されるようだ。

先に逝くのはアベノウイルス

「週刊文春」（3月26日号）は、2018（平成30）年3月7日に54歳で自ら命を絶った赤木俊夫氏（財務省近畿財務局管財部上席国有財産管理官）の妻が、3月18日に佐川氏と国を提訴することを報じるとともに、赤木氏が遺した「手記」の全文を公開している。執筆したのは相澤冬樹氏（大阪日日新聞編集局長・記者、元NHK記者）。

手記には、「森友事案は、すべて本省の指示、本省が処理方針を決め、国会対応、検査院対応すべて本省の指示（無責任体質の組織）と本省による対応が社会問題を引き起こし、嘘に嘘を塗り重ねるという、通常ではあり得ない対応を本省（佐川）は引き起こしたのです」「この事実を知り、抵抗したとはいえ関わった者としての責任をどう取るか、ずっと考えてきました。事実を、公的な場所でしっかりと説明することができません。今の健康状態と体力ではこの方法をとるしかありませんでした。（55歳の春を迎えることができない儚さと怖さ）」と、記されている。

誰が見ても「無理筋」「禁じ手」といわれる黒川弘務東京高検検事長の定年延長問題への官邸のご執心は、ここに行き着く。

なにせ、「私や妻が関係しているということになれば、間違いなく総理大臣も国会議員も辞めるということは、はっきり申し上げておきたい。まったく関係ない」と、2017年2月17日の国会で安倍首相が見え見えの大見得を切ったところから、暗黒の世界が始まったのだから。

この提訴に対して、「心身に支障が生じる中で書かれた手記にどれほどの信用性があるのか」といった反論の数々が想定される。それは明らかに違う。赤木氏は心身に支障が生じるほど「真実」に向き合い、「真実」のみを絞り出したがゆえに、精も根も尽き果てたのだ。当コラムは手記のすべてを信じる。なぜなら性根が腐って病んでいるのは、「安倍族」だからだ。この国に加害する、コロナウイルスとアベノウイルス、先に逝くのはアベノウイルスだ。

「地方の眼力」なめんなよ

「農政」にあなたの嘘は通じない

（2020・03・25）

30年間の教員生活で虚言症の学生が一人いた。「あの学生は嘘つきです。気を付けてください」と、同僚から教えられていたが、自信満々に自己を正当化する「嘘」に、つい「こちらの勘違いだったかな」と不安になったことを思い出す。

「本当の詐欺師、嘘つきは、自分で嘘を言ったり、詐欺をしたりしている自覚がない」と語る枝野幸男氏（立憲民主党代表）の安倍首相批判は的を射ている。「嘘」がアベノウイルスに冒された者に特有の症状であることを、与党議員と官僚が証明している。

「食料自給率の向上」を捨てた自民党

日本農業新聞（3月25日付）には、3月24日に自民党が、農業基本政策検討委員会（小野寺五典委員長）などの合同会議で採択した、新たな食料・農業・農村基本計画などに関する決議（全文）を掲載している。「特に、農林水産物・食品の輸出については、わが国農業の持続性の確保に不可欠であり、拡大する海外市場の獲得に向けて、5兆円という極めて意欲的な目標が掲げられたことから、その実現に向けては、従来の施策の延長ではなく、新たな視点に立って必要な施策を十分に講じるとともに、官民ともに意識を変革して総力を挙げて取り組み、農業者の所得向上につなげていくことが重要である」と前文に記されているように、「輸出」至上主義的観点から書かれている。

本文には、政府が強力に推進すべき取り組みが5節にわたって書かれている。最初に書かれているのが「農林水産物・食品の輸出促進について」、それも4項立てで。むすびでも、「とりわけ、農林水産物・食品の輸出については、1兆円目標を前提とした現行の『農林水産業・地域の活力創造プラン』及び『TPP等関連政策大綱』を更新し、5兆円目標の達成に必要な施策を新たな視点から、既存施策を含めて見直した上で、思い切った施策を創設するとともに、その実行に必要な予算額の確保に万全を期すこと」と念の入れようには恐れ入る。輸出バブルの元凶がここにある。

さらに驚くべきことは、本文において「食料自給率」がまったく言及されていないことである。前文でも一カ所。それも輸出目標が実現されることによって「食料自給率の向上」が図られる、としか理解されない書きぶりで取り上げられている。

自民党が、「食料自給率の向上」に白旗を揚げたとすれば、食料自給率の向上を求める民意を無視したものと言えよう。

安倍農政を糺《ただ》すしんぶん赤旗と信濃毎日新聞

しんぶん赤旗（3月23日付）の主張は、「食料自給率の2030年達成目標」を「食料・農業・農村基本計画」（案）における最大の柱のひとつに位置付ける。それが現行計画と同じ45%であることに対して、「目標と現実の乖離は広がるばかり」であるにもかかわらず、乖離についての「まともな分析」が無いことに怒りを隠せない。

そして、「安倍政権の7年間は、『改革』と称して農地制度や農協法、種子法など家族農業や地域農業を支えてきた戦後農政の諸制度を解体する暴走の連続でした。輸入自由化のもとで『競争力』『効率』一辺倒の農政が押し付けられました」として、「食料自給率の向上、農村の振興といった基本法の理念を真剣に追求しようとするなら、『安倍農政』こそ根本から転換しなければなりません。農業者や消費者の声を反映し、農業と農村の実態を踏まえた農政こそ実現すべきです」と訴える。

「実現への道筋が見えてこない」の小見出しで始まる信濃毎日新聞（3月23日付）の社説も、「経済のグローバル化が進展する中で将来の食料安全保障をどう考えていくか。目標設定の在り方も含め、現実を踏まえた抜本的な議論に踏み込む必要がある」とする。

「『攻めの農業』を掲げる安倍晋三政権は、19年の1兆円達成を目標に輸出支援に力を入れてきた。海外の日本食ブームを背景に近年伸びていたが、ここに来て頭打ちの様相も示し始めている」ことから、基本計画（案）が「海外への販路拡大が国内生産の増大にもつながり、自給率の向上に寄与する」としていることに、「やや短絡的ではないか」と、当然の疑問を呈する。そして「輸出をばねに生産基盤を充実させる農業経営者はいるだろう。だが輸出の多くは海外の富裕層向けだ。自給率を左右するとは考えにくい」との指摘に異議はない。

最後は、「担い手をどう確保し、農地荒廃を食い止めるか。食料安保の土台となる取り組みを積み重ねなければ目標も説得力を持たない」と、本質から迫る。

興味深い3月24日付の日本農業新聞

日本農業新聞（3月24日付）は、まず1面で、グローバル化が進展する中で、自然災害や伝染病、輸送障害などのリスクも国外に広がっていることから、食料自給率が37％しかない我が国にとって、「食料安全保障の確立は、食料の安定供給に欠かせない課題」とする。「安い食料をいくらでも海外から調達できた時代は終わった」「今見つめ直さなければつけは生産者にとどまらず、消費者が払うことになる」と、危機意識に満ちたコメントを寄せているのは柴田明夫氏（資源・食糧問題研究所代表）。

2面で小谷あゆみ氏（農業ジャーナリスト）は、給食停止や自粛により、農産物消費拡大を国やJAが呼び掛けていることに、喫緊の重要性を認めた上で、「本来、農業・農村は、都市に助けを乞う社会のお荷物ではありません。都市の抱える病を、飢餓を、不安を、いつの時代も救ってきたのは農業・農村です」と痛快。「都市が、農の本当の価値に気付いたとき、国産消費をお願いする対処療法的なキャンペーンは不要になります。一体いつになれば農村は都市に頭を下げなくて済むのでしょう」と、都市と農村あるいは地方との歪んだ関係性を剔出《てきしゅつ》する。そして、「感染は抑えてもリスクゼロにはなりません。ならば時代における農の在り方として、農空間や場としての存在価値を示すことが双方を強くするはずです」と、重要な課題を提起する。

3面の論説では、政府が食料・農業・農村基本計画で掲げる飼料用米の生産努力目標が現行の110万トンから70万トンに引き下げる方針を示したことを取り上げ、「主食用米の需給と価格の安定とともに食料自給率の引き上げに向けて飼料自給率を高めていくためにも飼料用米の増産は欠かせない」として、「飼料用米への政府の手厚い助成が後退する『アリの一穴』にならないように、「国は力強い支援を継続すべき」と迫っている。

そして、「自民党は昨年7月の参院選の公約に飼料用米などの本作化に向けた『水田フル活用の予算は責任を持って恒久的に確保する』と明記した。この約束を忘れることなく、同党には責任を持って必要な予算確保に取り組んでもらいたい」と、JAグループの機関紙ならではのドスを突きつける。

付言すれば、米の消費量が減退する中で、貴重な資源である水田を守り続けるためにも、飼料米生産は不可欠な営みである。

「農政」には嘘が通じないことを、しかと思い知らせねばならない。ねえ、皆さん。

「地方の眼力」なめんなよ

■著者紹介

小松　泰信（こまつ・やすのぶ）

1953年長崎県生まれ。鳥取大学農学部卒、京都大学大学院農学研究科博士後期課程研究指導認定退学。（社）長野県農協地域開発機構研究員、石川県農業短期大学助手・講師・助教授、岡山大学農学部助教授・教授、同大学大学院環境生命科学研究科教授を経て、2019年3月定年退職。同年4月より（一社）長野県農協地域開発機構研究所長。岡山大学名誉教授。専門は農業協同組合論。

著書に『非敗の思想と農ある世界』（2009年、大学教育出版）、『地方紙の眼力』（共著、2017年、農山漁村文化協会）、『隠れ共産党宣言』（2018年、新日本出版社）、『農ある世界と地方の眼力』（2018年、大学教育出版）、『農ある世界と地方の眼力2』（2019年、大学教育出版）、『共産党入党宣言』（2020年、新日本出版社）などがある。

農ある世界と地方の眼力3
令和漫筆集

二〇二〇年一一月二〇日　初版第一刷発行

■著　者――小松泰信
■発行者――佐藤　守
■発行所――株式会社大学教育出版
〒七〇〇－〇九五三　岡山市南区西市八五五－四
電　話（〇八六）二四四－一二六八㈹
ＦＡＸ（〇八六）二四六－〇二九四
■印刷製本――モリモト印刷㈱
■ＤＴＰ――林　雅子

ISBN978－4－86692－099－3